江苏省特种作业人员安全技术培训考核系列教材

电工作业（初训）

（第 2 版）

邵之祺　鹿继续　主编
沈　立　主审

东南大学出版社
·南京·

内容提要

本书根据国家安全生产监督管理总局《特种作业人员安全技术培训大纲及考核标准》要求，以及江苏省安全生产管理范围，结合江苏各企业用电设备的更新和电工作业安全的具体情况编写。

本教材对电工作业应知应会的电工基础知识、直接和间接接触电击防护、电气安全的特殊防护、变配电设备、继电保护装置和直流系统、手持式电动工具及移动式电气设备、触电急救技术和安全管理等作了比较系统的介绍，内容比较全面，深入浅出、通俗易懂。

本书两本为一套，是电气作业人员安全技术培训和考核的初训和复训教材，同时可提供各企事业单位安全管理干部和相关工程技术人员作业的参考。

图书在版编目(CIP)数据

电工作业．初训／邵之祺，鹿继续主编．—2版．—南京：东南大学出版社，2009.4(2013.1重印)

ISBN 978-7-5641-1577-7

Ⅰ．电…　Ⅱ．①邵…②鹿…　Ⅲ．电工—安全技术—技术培训—教材　Ⅳ．TM08

中国版本图书馆CIP数据核字(2009)第015942号

书　　名	电工作业
主　　编	邵之祺　鹿继续
出 版 人	江建中
责任编辑	张　慧
出版发行	东南大学出版社
	(江苏省南京市四牌楼2号东南大学校内　邮政编码210096)
网　　址	http://press.seu.edu.cn
印　　刷	南京京新印刷厂
开　　本	700 mm×1000 mm　1/16
印　　张	12.25
字　　数	247千字
版次印次	2009年3月第2版　2013年1月第25次印刷
书　　号	ISBN 978-7-5641-1577-7
定　　价	17.00元

(*东大版图书若有印装质量问题，请直接与读者服务部联系，电话：025-83792328。)

江苏省安全生产培训教材
编委会成员名单

序

安全生产事关千家万户的平安和幸福。在新的发展阶段,我们要以邓小平理论和“三个代表”重要思想为指导,全面落实科学发展观,以更大的决心、更扎实的工作、更务实的作风,落实各项治本之策,切实抓好安全培训和安全教育工作,推进江苏省安全生产形势持续稳定发展,为构建和谐社会、建设平安江苏,实现江苏又好又快地发展作出新的贡献。

人是安全生产的实践主体,人的安全素质、技能的高低决定了安全生产工作的好坏。坚持以人为本的科学发展观,落实“安全第一,预防为主,综合治理”的方针,有效控制各类安全生产事故,关键在于提高全民安全文化素质,在于提高社会公众对安全价值观念的深刻理解,在于规范人们在生产活动中的行为。因此,一定要提高人们对安全教育工作重要性的认识,充分认识到安全培训是预防和减少各类安全生产事故的奠基工程、战略工程,是长效机制和治本之策。必须全面开展安全教育培训工作。

抓好安全教育培训的一项十分重要的基础性工作,就是安全培训教材建设。教材是教学培训内容的文化载体,是教师进行教学和学员获得知识的重要工具和具体依据。为此,江苏省安全生产监督管理局组织全省具有丰富培训工作经验的专家、教授和工程技术人员共同编写了这套教材。现已开发包括电工、焊工、企业安全生产管理等12种18本新编教材,同时开发了与教材配套的习题库和习题集,在全省的安全培训中取得了良好的教学使用效果。为实现全省系统化、科学化、规范化的安全培训打下了良好的基础。

本套教材的编写以国家安监总局培训考核大纲为依据,结合了江苏省安全生产工作实际,突出了新的安全生产教育理念和创新精神,遵循成人学习认知规律，具有科学性、先进性、实用性的特点，是全省生产经营单位负责人和特种作业人员进行安全技术培训的指定教材，同时也是安全生产管理人员、工程技术人员的工具书。

应当指出，为了编写好这套教材，所有参加编写和参与组织工作的同志们都以高度负责的精神忘我工作，为此付出了辛勤的劳动。在编写和出版过程中，各市县安监部门的同志和省内从事安全生产工作的专家们提出了不少宝贵意见和建议，给予了大力的支持，在这里一并表示谢意。

江苏省安全生产监督管理局局长

江苏省煤矿安全监察局局长

徐郭平

2007 年 3 月 21 日

前 言

特种作业人员的安全教育培训是企业安全管理和政府安全监督的重要内容，做好这项工作，对于保障特种作业人员及其他人员在作业过程中的生命安全，防止重特大设施、设备及人员伤亡事故，提高企业安全生产水平及经济效益，具有十分重要的作用。

江苏省的特种作业人员培训工作已经进行了多年，为企业培训了大批的安全技术人员，促进了企业安全生产水平的提高，促进了江苏安全生产形势的持续稳定好转。随着经济社会的快速发展、科学技术的不断进步和安全法制建设进程的加快，极大地推进了安全生产工作，同时也对新形势下的安全生产和安全培训工作提出了更新的标准、更高的要求。为了适应新形势，进一步落实党的“安全第一，预防为主”的基本方针，实施《安全生产法》、《江苏省安全生产条例》，依法加强特种作业人员的安全培训和持证上岗的管理，规范安全培训工作，大面积提高安全培训质量，促进安全生产，江苏省安全生产监督管理局根据国家安全生产监督管理总局《特种作业人员安全技术培训大纲及考核标准》的要求，组织编写了特种作业人员安全技术培训系列教材。

这套教材包括《电工作业》、《焊接与热切割作业》、《高处作业》、《制冷与空调作业》、《烟花爆竹作业》、《矿山作业》、《危险化学品作业》、《企业内机动车驾驶作业》，共 8 种 14 本初、复训教材。本套教材概括了 8 类特种作业人员必须掌握的安全生产基础知识和基本技能，内容新颖，结构紧凑，重点突出，融科学性、系统性、针对性、实用性为一体。

由于任务紧迫、水平有限，书中难免有疏漏之处，敬请读者指正。

江苏省安全生产宣传教育中心

2009 年 1 月

目录

第一章　概　论

电气安全是电能生产、传送、计量、使用过程中的一门专业技术。在任何情况下，都必须坚持“安全第一，预防为主”的安全生产方针，在作业中必须慎之又慎，不能有丝毫的麻痹和松懈。

第一节　电工作业的危险性

据统计，全世界每年死于电气事故的人数约占全部事故死亡人数的25%，电气火灾约占火灾总数的14%以上，说明了电工作业存在着很高的危险性，应引起大家的注意。

电工作业的固有特性，造成了它的高危险性，其特征如下：

1. 直观识别难。电看不见、听不见、嗅不出、摸不得。电本身不具有人们直观识别的特征，是否带电不易被人们察觉，据资料统计，1998～2001年，国家电力公司误登带电设备和误入带电间隔触电死亡人数占全部触电死亡人数的47.8%。

2. 电能传递途径多样性。常用交流电可以通过导线传送；也可以在不相接触的导体之间，通过互感传送；还可以通过导体间和导体与地之间的电容传送。如果没有一定的电工理论知识，这是难以辨别的。在已停电的设备上，虽然两端都有明显的断开点，常因周围有带电设备而感应电压，造成麻电，引发高空坠落事故。在停电设备上工作时也发生过检修人员移动接地线，短时设备未接地，造成触电事故，诸如此类事故均系通过互感或电容传递电能所致。

3. 电气设备都有电容。虽然电气设备已停电，但在电容上还会有剩余电荷，往往因未放电或未放完电就拆接头，造成触电事故。

4. 短路时，会在短路处产生电弧，而电弧会发出巨大的光热能量，在工作场所，人虽未触电，但电弧会对人的皮肤产生严重烧伤。

5. 运载电能的网络和设备是处于变化之中的。电工要警惕，要有足够的认识并认真辨别。变化大致有如下四种：

（1）电网运行方式常有变化。为了保证不中断供电，电网结构常常互为备用，其运行方式多变化，如停电作业范围边缘的隔离开关外侧在有的运行方式下无电，在有的运行方式下有电，曾因此而出现触电伤亡事故多起。电工在工作前和工作中应了解运行方式有可能发生哪些变化。

（2）运行中的设备绝缘会发生老化损坏，有可能使原来不带电的金属外壳意外带电，移动式设备和手持式电动工具绝缘更易受到损坏，造成危险。

(3) 运行中的设备，接头和导线原来存在隐患，在轻负载时不易发现，当过载或短路发生时，会出事故。不出事故也会加重隐患，造成危险。

(4) 运行中的电气设备保护配置不完善(如漏电保护器等)或校验失误，该动不动，不该动乱动，造成事故。

6. 有的电工作业会出现多工种(如：一次、二次、试验和电缆等工种)同时在一个单元或一台设备上作业，相互间配合不好或通信信息传递不好，会造成事故。

7. 常遇的停电、检修、送电环节多，涉及人员多、联络环节多，任何一环错误就有可能造成重大事故。

8. 有的电工作业会出现立体交叉作业，除可能出现电的伤害外，还有可能出现机械性伤害。

9. 电工作业场所有变压器油、汽油，使作业处于火灾爆炸危险环境之中，不可忽视。

10. 恶劣的天气会带来更大的危险。雷雨天会造成反击、感应等电击事故，冻雨天易造成倒杆断线，抢修时困难且危险性大。

第二节　电工作业人员的基本条件和要求

一、电工作业人员必须具备的基本条件

1. 电工须年满 18 周岁，具有初中毕业及以上文化程度，经县级以上医院体检身体健康，精神正常，无妨碍电气工作的病症。以后每隔两年体检一次。

妨碍电气工作的病症是指精神病、关节僵硬、严重高血压、严重心脏病、严重肺气肿、癫痫、不能识别带色信号的色盲症、聋哑等，具有这些病症都不能或不宜直接从事电气工作。

2. 具备必要的电气知识和业务技能，且按职务和工作性质，熟悉电气安全工作规程的相关规定，并经考试合格。

3. 学会紧急救护法，首先要学会触电现场解救法和“心肺复苏”技术。

二、电工作业人员的基本要求

1. 凡从事电工作业的人员必须接受安全生产监督管理主管部门依法组织、指导的电工作业安全技术培训，经考试合格取得电工的操作资格证书后，方可持证上岗从事相应的作业与操作。

2. 从业电工必须加强法制观念，必须接受用人单位组织的三级安全教育和安全生产法规教育，牢固树立安全意识和安全生产思想，做一名有高度事业心和责任心的电工，并有能力保护自身和作业周边人员免受伤害。

3. 从业电工进入岗位工作前须学习电气安全工作规程和制度，熟悉其相关部

分和现场电气运行、检修规程，达到“三熟”、“三能”的基本要求，并经考试合格后，方可上岗工作。

(1) 变电所值班电工的“三熟”、“三能”基本要求。

①“三熟”:熟悉电气一次系统和设备的参数、结线与基本原理；熟悉操作和事故处理；熟悉本岗位的规程和制度，如安全、运行与事故处理、消防等规程及交接班、巡回检查、设备缺陷管理等制度。

②“三能”:能正确地进行操作和分析运行情况；能及时发现故障和排除故障；能掌握一般的维护技能。

(2) 检修电工的“三熟”、“三能”基本要求。

①“三熟”:熟悉电气一次系统和设备的参数、结线与基本原理；熟悉检修工艺、质量和运行知识；熟悉本岗位的规程和制度，如安全、检修、预防性试验、消防等规程及设备缺陷管理、设备移动等制度。

②“三能”:能熟练地进行本工种的修理工作和排除故障；能看懂图纸和绘制简单的加工图；能掌握一般的钳工工艺和常用材料的性能。

4. 从业电工要贯彻安全生产法规，执行电气安全方面的管理规程和技术标准，认真落实本岗位的安全生产责任制，严格遵守安全生产制度和操作规程；从业电工要有严格的组织纪律性，要坚守岗位，服从管理，在工作中能发扬团结协作精神，善于合作，共同关心、做好安全工作，保障安全生产。

5. 从业电工进入施工工地和运行、检修现场或电工作业现场时，必须正确佩戴安全帽和使用劳动防护用品。操作时正确使用合格的安全用具。高处作业时必须拴(系)好安全带。

6. 从业电工享有安全生产的知情权和建议权，有权拒绝违章指挥和强令冒险作业，有权制止违章行为。

7. 施工工地、生产运行和检修作业现场发生重大异常状况和事故时，应立即向上级和领导汇报，必要时可发呼救信息。

三、电工应具有良好的心理素质

据统计资料显示:作业者的错误操作和违章作业引发的事故占据了事故总量的87%以上，表明人的不安全行为是发生事故的主要原因。这是因为人是具有思维，有自己的判断和行为的。一般心理反应与客观实际相吻合的程度越高，行为的安全可靠性就越大，反之，则其行为的安全可靠性就越小，以致出现事故。

不安全行为的出现，大多是违反安全操作规程所致。不遵守安全操作规程的心理状态有如下几种：

1. 对自己的技术很自信，认为不遵守操作规程也不会发生事故，缺乏执行规程的自觉性，在无监督时，就违章作业。

2. 因怕麻烦而不遵守安全操作规程。

3. 因安全操作程序复杂难于执行而不遵守。

4. 因任务紧急，图快图省事而不遵守。

5. 因技术能力差而做不到而不遵守。

6. 因当时自己情绪不好而不遵守。

7. 因工作前准备工作未做好无法遵章去做。

8. 因不知道或忘记规程规定而未遵守。

9. 因外界条件的影响，分散了注意力而没有遵守。

以上几种不健康的心理状态终将会造成事故。

如何搞好安全生产，人的心理素质不可忽视。下面就情绪、性格、气质等心理因素对事故的影响进行分析。

1. 情绪是人从事某种活动时产生的兴奋心理状态，是为了适应生存环境所保持下来的一种本能的反应，是受客观事物的影响而产生的一种心理状态，它对事故的发生产生很大的影响。有一些人比另一些人更容易出事故，其主要原因是个人情绪不稳定。工作安排要因人而异，对关键的操作更要特别注意，最好是安排情绪稳定的人去完成。

2. 性格是一个人较稳定时对现实的态度和与之相应的习惯化的行为方式，是每个人所具有的最主要的、最显著的心理特征。性格可分为理智型性格、意志型性格、情绪型性格几种类型。从生产安全的角度来看，理智型性格的人能用理智来从事一切工作，支配一切行动。意志型性格的人有明确的目标，行动较主动，安全责任心强。情绪型性格的人情绪体验深刻，安全行为受情绪波动较大。

3. 气质是人性的重要组成部分，它是人具有的典型的、稳定的个性特点。从安全角度看，同样是完成某项任务，有的人表现为遵章守纪、动作行为安全可靠，有的人表现为蛮干、急躁，安全行为差。

作为一名电工要努力提高自身的心理素质，情绪要稳定，不急不躁，能理智地支配自己的行为，责任心强，善于思考，认真细致，遵章守纪，动作行为安全可靠。

第三节　电工的培训、考核、发证

为了防止人员伤亡事故，促进安全生产，必须提高电工作业人员的安全技术素质，规范电工作业人员的培训、考核、发证和监督管理工作。根据《中华人民共和国安全生产法》、《中华人民共和国行政许可法》和其他相关法律、法规的规定，国家安全监督管理总局颁布了《特种作业人员培训考核管理办法》和《特种作业人员安全技术培训大纲及考核标准》，对电工的培训、考核、发证工作的积极开展起到了规范和指导作用。

电工作业人员安全技术培训考核管理按下列程序办理：

1. 招用电工要求

(1) 生产经营单位招用或聘用电工作业人员的年龄、文化程度和身体健康状况应符合电工作业人员的基本条件，同时必须从取得电工作业操作资格证书的人员中选用。

(2) 对单位已招用或聘用的电工应根据《特种作业人员培训考核管理办法》，参加户籍所在地或从业所在地安全生产监督管理部门组织、指导的电工作业安全技术培训、考核和发证。

2. 培训

(1) 电工作业人员的培训由省级安全生产监督管理部门或其委托的省辖市安全生产监督管理部门审查认可的培训机构进行。

(2) 电工作业人员的培训机构和教员实行资质认可制度，取得资质证书的培训机构应在所在地安全生产监督管理部门的指导和监督下，根据《电工作业人员安全技术培训大纲》要求和《电工作业》培训教材组织实施培训，依据《电工作业人员安全技术培训考核标准》命题试卷进行考试，并对考核合格人员出具培训合格证明。

3. 考核、发证

(1) 考核：培训期满后，由省、市安全生产监督管理部门或其指定的单位，按《特种作业人员安全技术培训考核标准》电工作业部分要求命题考核。考核分为安全技术理论和实际操作两部分，两部分都必须达到合格要求，方予以通过。经考核不合格的，允许补考一次，补考仍不合格的，须重新培训。

(2) 发证：考试合格后，由省级安全生产监督管理部门或委托省辖市安全生产监督管理部门签发由国家安全生产监督管理总局统一制作的特种作业操作资格证书。电工在取得资格证书后，方准许独立作业。特种作业操作资格证书是特种作业人员从事特种作业唯一有效证件。特种作业操作资格证书全国通用，特种作业人员从事特种作业时须随身携带。

4. 证书复审、补(换)

(1) 复审的目的：为了不断提高电工的素质，整顿电工队伍，有必要对电工进行安全生产法制教育和安全生产新知识、新技术学习，并对电工的特种作业操作资格证进行复核审查。

(2) 复审的间隔时间和内容：电工的操作资格证书每两年复审一次，同时对电工进行复训考核。考核合格的予以确认，考核不合格的可申请再考核一次，仍不合格须重新培训发证。连续从事本岗位操作 10 年以上，无违章记录，经用人单位知识更新后，复审时间可延长至每 4 年一次。对脱离电工岗位 6 个月以上者需进行复审。未经复审，不准继续独立作业。复审内容包括：体格检查；事故、违章记录检查；安全技术理论和实际操作考核。复审由省级安全生产监督管理部门或其委托的省辖市安全生产监督管理部门及其指定的单位进行。

(3) 证书换证和补发：特种作业操作资格证书有效期为 6 年，由申请人提出换证申请；操作资格证书遗失、损毁的，由申请人向原发证部门申报补发新证。

(4) 对违章及事故的责任者，省级或省辖市安全生产监督管理部门应根据国家安全生产监督管理总局颁布的《特种作业人员培训考核管理办法》中罚则条款规定，吊销或注销所发的特种作业操作资格证书。

第四节　电气安全管理工作的基本要求

一、建立健全规章制度

合理和必要的规章制度是从人们的长期安全生产实践中总结出来的，是保障安全生产的有效措施。如安全生产责任制，其主要作用是明确各企业领导、各部门和各岗位的安全责任，对安全生产的有序进行起到基本保证的作用。而与安全生产有直接关系的规章制度还有安全操作规程、安全作业规程、电气安装规程、运行管理和维护检修制度等。

根据不同电工工种，应建立各种安全操作规程和运行维护制度。如变配电所值班电工安全倒闸操作规程、运行规程、内外线维护检修电工安全操作规程、电气设备维修安全操作规程、电气试验安全操作规程、蓄电池安全操作规程(制度)、非专职电工人员手持电动工具安全操作规程、电焊安全操作规程、电炉安全操作规程、行车司机安全操作规程制度等。

在安装或变动电气一、二次设备和线路时，必须严格遵循有关安全操作规程和交接验收规程的要求，保证这些设备安全正常地投入运行。

根据设备状况的特点，应建立相应的运行管理制度和维护检修制度，及时消除设备缺陷和隐患，保证设备和人身安全。

对于某些电气设备(如 SF_6 设备)，应建立专人管理的责任制。开关设备、临时线路、临时设备等容易发生人身事故的设备，应有专人负责管理。

对高压设备的检修工作，必须建立必要的安全工作制度，如工作票制度、工作监护制度等。

二、建立安全监督机构和企业的三级安全网

企业应根据安全生产监督管理局的有关规定建立本单位的安全监督部门，不设专门安全监督机构的，必须设专职安全员，车间、班组至少应设兼职安全员，组成企业三级安全网。对电气设备的运行、检修应认真履行监督职责，对人身安全的危险源和危险点进行评估、监督等，安全管理部门、动力(或电气)部门等必须互相配合，认真做好电气安全管理工作。专职电气安全员应具备必需的电工知识和电气安全知识，根据本单位人身和设备安全的实际状况制定安全措施计划，并监督计划

的实施，不断提高电气安全水平。

三、组织安全检查

安全检查是发现隐患和督促解决隐患的有效手段，可分为日常性巡视检查、一般性的定期检查和互查、专项定点检查、安全大检查等几种。日常性巡视检查是专业电工和值班电工的日常工作，几乎是每天都在进行；一般性的定期自检、互检是本单位电气部门和安技部门的正常业务，一般每月一次；专项检查是不定期的，有的是本单位安排的，有的是上级管理部门组织；安全大检查是由本单位或上级管理部门组织的，有各企业有关部门管理者参加的，较全面、较深入的群众性安全检查，最好每季进行一次(结合夏季、冬季及雨季等检查)。电气安全检查的内容包括:电气设备的绝缘有无问题；绝缘电阻是否合格、设备裸露带电部分是否有防护；保护接零或保护接地是否可靠、正确；安全保护装置和设施是否符合要求；特殊场所使用的手提灯和照明是否是安全电压；移动电气设备和手持式电动工具是否符合安全要求；电气安全用具和消防器材是否安全试验合格、是否在有效使用周期内等。安全大检查还应包括查员工安全意识，查反“三违”情况和查安全制度的贯彻执行，以及安全分析会等安全活动是否正常开展等内容。

四、加强安全教育和技能培训

对独立电工要有经常性的安全教育和安全技能培训，使他们懂得安全法规，提高他们遵章守纪的自觉性和责任心，不断提高他们的安全知识和技能以及掌握安全用电的基本方法，使每个电工都能懂得电气设备的安装、调试、使用、维护、检修的标准和安全要求，都能熟知和掌握电工安全作业操作规程和其他安全生产制度，学会预防、分析和处理电气事故的方法，掌握触电事故抢救和扑灭电气火灾的方法。独立电工要接受省或直辖市安全生产监督管理部门组织的考核复审，企业应对电工进行继续教育和知识更新培训。

对使用电气设备的其他生产人员，通过企业的安全教育和培训，使他们知道安全法规，认识安全用电的重要性，掌握安全用电的基本方法，懂得有关安全用电知识和安全作业规程。

要通过企业的安全教育和培训，使一般员工懂得电气安全和安全用电，以及了解安全生产法的一般知识。新进厂人员要接受厂、车间、班组三级安全教育，使他们懂得安全生产的重要性和安全用电的常识。安全宣传教育的形式可采用多种方式，比如典型事故录像、广播、图片、标语、开办培训班等，使企业有良好的安全生产氛围。

五、组织事故分析和经验交流

一旦发生事故后，要深入调查清楚事故现场状况，召开事故分析会，分析事故发生的原因，找出预防事故的对策。对待事故严肃地按照“四不放过”原则(即:事故责任人没有得到处理不放过；找不出事故原因不放过；事故责任人和群众受不到教育不放过；没有制定出防范措施不放过），认真调查分析事故，吸取事故教训。

六、建立安全技术资料

安全技术资料是做好安全工作的重要依据，应该经常收集和保存，尤其应注意收集与本企业有关的各种安全法规标准和规范。

要建立电气系统图、低压系统布线图、全厂架空线路和电缆线路布置图、直流系统安装图以及设备操作的二次回路图，设备的说明及其资料。

设备的检修和试验记录、变配电所运行日志和设备缺陷记录以及设备事故和人身事故记录、事故报告等也应存档保存。

思考题

1. 电工作业有哪些危险性？
2. 电气作业人员必须具备哪些条件？
3. 变电所值班电工的“三熟”、“三能”内容有哪些？
4. 电工在安全生产活动中享有哪些权利？
5. 为何电工要进行专门培训考核，在取得操作资格证书后方可上岗独立工作？
6. 试述电气安全的重要意义。
7. 电气安全管理工作有哪些基本要求？

第二章　电工基础知识

第一节　直流电路

一、直流电路的基本概念

电是物质运动的一种形式，它是物质内所含的电子等载流子运动时的一种能量表现形式。从实质上讲，电是一种能量，也常称作电能。

自由电子在传导物体内的移动，就构成了导体内的电流。直流电是电流方向和大小不随时间改变的电能。

直流电路就是能使电流流通的闭合回路，最简单的电路一般由电源(E)、负载(EL)、控制电器(S)和保护装置熔断器(FU)及连接导线等部分组成。图 2-1 是一个最简单的电路图。

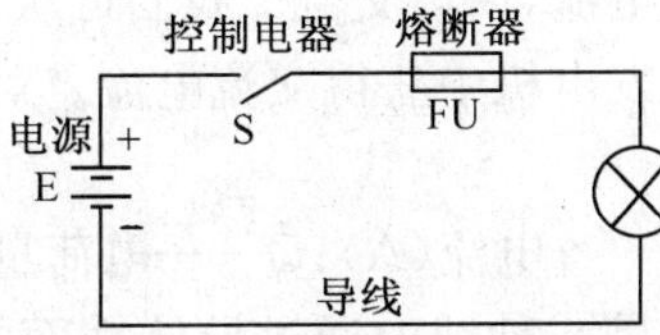

图 2-1　简单的直流电路图

电源能把其他形式的能量转换为电能，例如发电机能把机械能转换为电能；干电池、蓄电池能把化学能转换为电能；光电池是将光能转换为电能。负载又称负荷、用电器，是取用电能的设备，它接受电源供应的电能，并把电能转换为其他形式的能量，例如电动机将电能转换为机械能来带动其他机械，电灯把电能转变为光能。导线是用来连接电源和负载以构成电流通路的导体，它能将电源的电能传送给负载，常用的是铝线和铜线。控制电器是使其达到预定工作状态的电器，如各种接触器、继电器和照明开关等，用以在电路中接通和断开电路，起着控制和分配电能的作用。

电源中的电源力把正电荷从它的负极移向正极，克服电场力做功，把其他形式的能量转换为电能。在负载中，电场力把正电荷从高电位处移向低电位处，将电能转换为其他形式的能量。构成电路的目的是转换、传送、分配及控制电路，或是传递电信号，电流是达到这些目的的手段。

二、基本物理量

(一) 电流

电荷有规则的定向运动就形成了电流。某些物质(例如金属)内部存在着能够自由运动的电子(带负电荷)，某些溶液中存在着正、负离子，如果给它们外加一定的条件(如接上电源)，则这些带电粒子将在电场的作用下定向运动。这时正电荷将按电场的方向运动，而负电荷则将按相反的方向运动。物体内部有可以自由移动的电荷是产生电流的内因，有电场（或电压）作用于物体是产生电流的外因。

习惯上规定正电荷运动的方向为电流的方向，如图 2-2 所示。

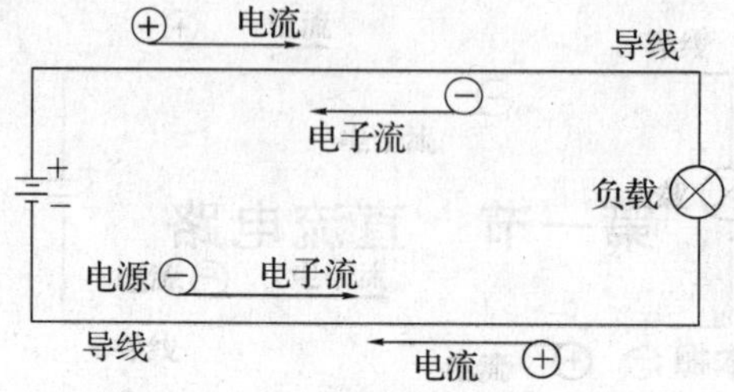

图 2-2　电流的方向图

电流的方向是从电源的正极经导线、负载及另一根导线，流向电源的负极。实际上是自由电子从电源的负极经导线、负载及另一根导线流向电源的正极。

电流大小是衡量电流强弱的物理量。通过导体截面电流的大小，等于单位时间内通过该截面的总电荷量。电流有直流和交流两种。方向和大小都不随时间变化的电流，叫做直流电流，简称直流。方向和大小随时间作周期性变化的电流，叫做交流电流，简称交流。我们可从干电池、蓄电池及直流发电机中获得直流电流，从交流发电机中获得交流电流。对于直流电流，电流可表示为：

$$I=Q/t$$

式中，I——电流（A）；Q——电荷量（C）；t——时间（s）。

如果一秒钟内通过导体截面的电荷量 Q 为 1 库仑，简称库，常用字母“C”表示。即 6.25×10^{18} 个电子所带的电量，则导体中通过的电流 I 为 1 安培，简称安，常用字母“A”表示。在实际应用中还以千安（kA）、毫安（mA）或微安（μA）作单位，它们之间的关系是：

1 千安（kA）＝1 000 安（A）

1 安（A）＝1 000 毫安（mA）

1 毫安（mA）＝1 000 微安（μA）

（二）电位与电压（电位差）

如前所述，要在导体中产生电流，只靠导体本身的自由电子是不够的，还必须外加一定的条件。要使电荷流动，就必须要有电位差存在，带电体有电位高低的差别。电位的高低决定于物体所带电荷的正负，以及所带电荷的多少。通常规定大地的电位为零（零电位），物体带有正电荷时，它的电位比大地电位高（正电位），并且所带正电荷越多，电位也越高；物体带有负电荷时，它的电位比大地电位低（负电位），并且所带负电荷越多，电位也越低。

电场中某点的电位就是该点与大地（零电位点）之间电位的差别，在数值上等于电场力把单位正电荷从该点移到零电位点所做的功。由于零电位点可以任意选择，所以电位的数值是相对的，它与零电位点的选择有关。电场中 a 点的电位用符号 φ_a 表示，单位为 V。

1. 电位差　两个带电物体或两点之间电位的差别称为电位差，习惯上称电压。电场中 a、b 两点之间的电压为 a 点的电位与 b 点的电位之差（$\varphi_a-\varphi_b$），等于单位正电荷从 a 点移动到 b 点时电场力所做的功，用符号 U_{ab} 来表示，单位也是 V。电位相等的两点称为等电位点，等电位点间的电压等于零。电压的数值是绝对的，与零电位点的选择无关。电压的方向是从高电位点指向低电位点，即电位降低的方向。因此，电压也叫电位降，俗称电压降。正、负两个带电体接通以后，在电位差的作用下，电流就会从电位高的那个带电体通过电流表，流到电位低的那个带电体，使电流表指针发生偏转。两个带电体的电位相等以后，电位差等于零，电流也就停止流动了。

2. 电动势　在电源内部存在着一种非静电力，它能够把正电荷从低电位的负极移到高电位的正极，使电源两端具有恒定的电压以维持电路中电流的连续性。电源的非静电力把单位正电荷从负极移送到正极时所做的功叫做电源的电动势，用符号 E 表示。电源内部电动势的实际方向规定为从电源的负极指向正极。

电位、电压、电动势的单位，都是伏特，用字母“V”表示。在实际应用中还以千伏(kV)、毫伏(mV)或微伏(μV)作单位，它们之间的关系是：

1 千伏(kV)＝1 000 伏(V)

1 伏(V)＝1 000 毫伏(mV)

1 毫伏(mV)＝1 000 微伏(μV)

（三）电阻

导体中的自由电子在移动的过程中，不断地互相碰撞，并且和导体中其他不带电的质点也发生碰撞，同时还必须克服原子核对它的吸引力，因而会受到一定的阻力。导体对电流的这种阻力称为电阻，用字母 R 表示。电阻大的物体导电能力差，电阻小的物体导电能力强。电源本身也有电阻，称为电源的内电阻（简称内阻），用字母 r_0 表示。

实验证明，金属导体的电阻与其长度成正比，与其截面积成反比，并与材料、温度等因素有关。20℃时导体的电阻可用以下公式表示，即：

$$R=\rho L/S$$

式中，R——导体的电阻(Ω)；L——导体的长度(m)；S——导体的截面积(mm^2)；ρ——导体的电阻率($\Omega\cdot mm^2/m$)。

导体的电阻率 ρ 决定于导体的材料，是指长度为 1 m，截面积为 1 mm^2 的均匀导体，在温度为 20℃时所具有的电阻值。

在实际应用中电阻还以千欧(kΩ)或兆欧(MΩ)作单位，它们之间的关系是：

1 兆欧(MΩ)=1 000 千欧(kΩ)

1 千欧(kΩ)=1 000 欧(Ω)

导体在 20℃时的电阻计算公式,称电阻定律。同一导体在不同温度下,它的电阻值是不同的。实践证明,各种金属材料温度升高时,电阻将增大;石墨、碳及电解液等当温度升高时,电阻则减小;至于康铜及锰铜等合金的电阻,受温度的影响极小,比较稳定,故它们常用来制造标准电阻、变阻器及仪表中的分流器、倍压器等。

在工程上,为了表示导体的导电性能,有时也应用电导这个物理量,所谓电导就是电阻的倒数,用符号 G 表示,即:

$$G=1/R$$

电导的单位为 1/欧,也称西门子,简称西,用符号 S 表示,导体的电阻越小,电导就越大,电导大表示导体的导电性能良好。

三、欧姆定律

欧姆定律是反映电路中电压、电流和电阻之间关系的定律。是电路的基本定律之一,在工程上应用极为广泛。

(一) 一段电路的欧姆定律

图 2 - 3 是闭合电路中的一段电阻电路,在这段电路中不含电动势,而仅有电阻,所以称为一段电阻电路。

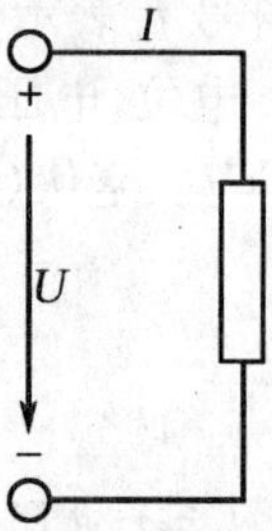

图 2 - 3　闭合电路的一段电阻电路图

实践证明:当导体温度不变时,通过导体的电流与加在导体两端的电压成正比,而与其电阻成反比,这一结论叫做一段电路的欧姆定律。用公式表示,即:

$$I=U/R$$

式中,I——流过导体的电流(A);U——加在导体两端的电压(V);R——导体的电阻(Ω)。

(二) 全电路的欧姆定律

在实际工作中,会遇到以直流发电机或蓄电池等作电源供给负载的电路。图 2 - 4所示为一台直流发电机供给负载的简单电路。

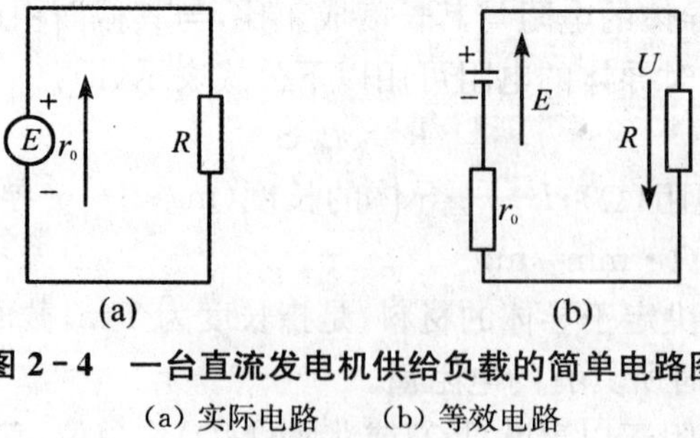

图 2 - 4　一台直流发电机供给负载的简单电路图

(a) 实际电路　　(b) 等效电路

这种电路是由内电路(即电源内部的电路)和外电路(包括导线和负载)所组成的全电路。实验证明,在只有一个电源的无分支闭合电路中,电流的大小与电源的电动势 E 成正比,而与内、外电路电阻之和(r_0+R)成反比,这一结论叫做全电路的欧姆定律。用公式表示,即:

$$I=E/(R+r_0)$$

或
$$E=IR+Ir_0=U+U_0$$

或
$$U=E-Ir_0=E-U_0$$

式中,r_0——电源的内电阻(Ω);R——外电路的电阻(包括导线电阻和负载电阻)(Ω);U_0——即 Ir_0,电源内电阻上的电压降(V);U——即 IR,电源两端的电压(通常叫做端电压),当不计导线电阻时即为负载两端的电压(V)。

由以上公式可见:

(1) 当电源两端开路($R=\infty$)时,电流为零,电源端电压在数值上等于电源的电动势。这一道理常被用于简单地测量电源的电动势。

(2) 当 R 逐渐减小时,电路中的电流及内电阻上的电压降逐渐增加,两端电压则逐渐下降。

(3) 当 $R=0$ 时,电路称为短路状态,电源端电压等于零,称为短路电流。短路电流比正常电流大许多倍。

四、基尔霍夫定律

基尔霍夫定律和欧姆定律是分析电路的基本定律,它们既适用于直流电路,也适用于交流电路。基尔霍夫定律能分析计算欧姆定律不能解决的复杂电路。

由一个或几个元件(电阻或电源)串联成的分支电路叫做支路。由三条或更多数目的支路连接的地方叫做节点。图 2-5 中 b、e、f 为节点。

由支路构成的闭合路径叫回路。一个回路可能包含几个支路,并通过若干个节点。图 2-5 中 $abefa$、$bcdeb$、$abcdgfa$ 都是回路。

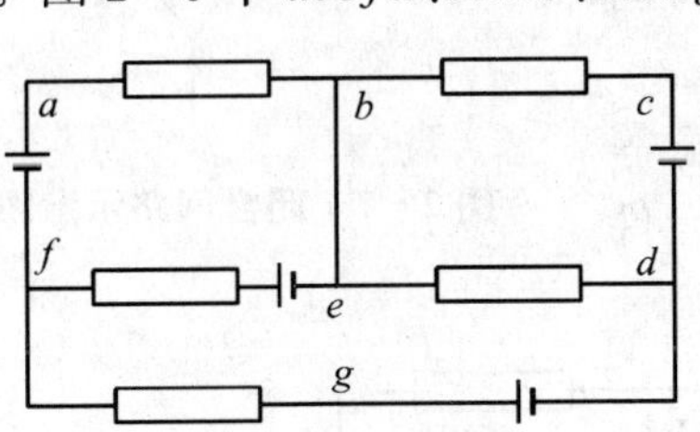

图 2-5　支路图

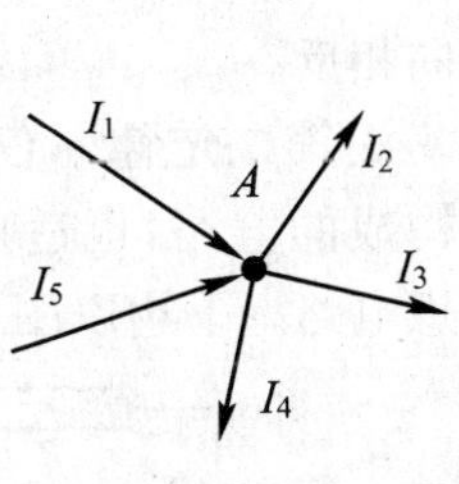

图 2-6　节点电流定律图

(一) 基尔霍夫第一定律

图 2-6 所示某电路中节点 A 连接的五个支路,各支路电流分别用 I_1、I_2、I_3、I_4、I_5表示。基尔霍夫第一定律告诉我们,所有流进节点的电流之和等于流出节点

的电流之和。这个定律也称为节点电流定律。由此，图 2－6 中 A 点的电流关系如下：

$$I_1+I_5=I_2+I_3+I_4$$

如果把流入节点的电流定为正值，流出节点的电流定为负值，该定律也可表述为流入任一节点的电流代数和为零，那么上述 A 点的电流关系写成：

$$I_1-I_2-I_3-I_4+I_5=0$$

节点电流定律说明电荷不会在任何节点发生堆积，一般表示成：

$$\sum I=0$$

（二）基尔霍夫第二定律

基尔霍夫第二定律研究的是一个闭合回路中各支路的电压关系。该定律也称为电压定律。可以表述为：在任意一个闭合回路中，所有支路电阻上电压降的代数和等于电动势（电位升）的代数和。其数学表达式为：

$$\sum IR=\sum E$$

式中各电压、电动势正、负号确定方法：

1. 假设回路的环绕方向　顺时针方向或逆时针方向。
2. 假设各支路中电流方向　这些假设的电流方向并不一定是实际电流方向。
3. 确定电压符号　通过电阻的电流方向与假设环绕方向一致时，电阻上的电压取正号，相反时取负号。
4. 确定电动势的符号　电动势由负极到正极的方向与假设环绕方向一致时，电动势取正号，相反时取负号。以图 2－7 为例，电压关系式为：

$$-I_1R_1-I_2R_2+I_3R_3=-E_1+E_2$$

经计算，若某电流为正时，则该电流的实际方向与假设方向一致，若为负，则该电流的实际方向与假设方向相反。

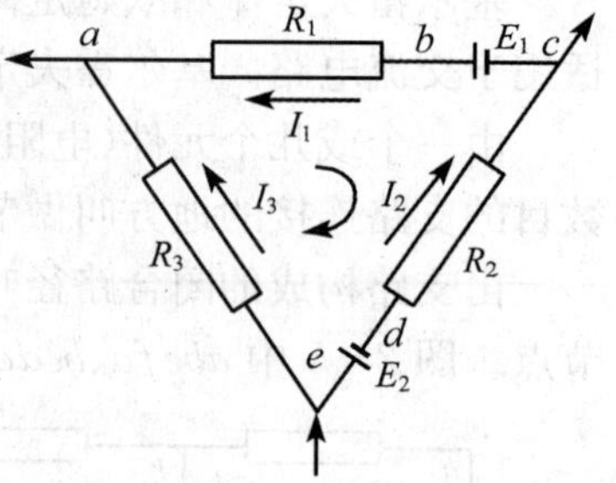

图 2－7　闭合回路示意图

基尔霍夫第二定律不仅适用于电阻、电源等实际元件构成的电路，也适用于不全由实际元件构成的假想电路。下边以图 2－8 为例说明。

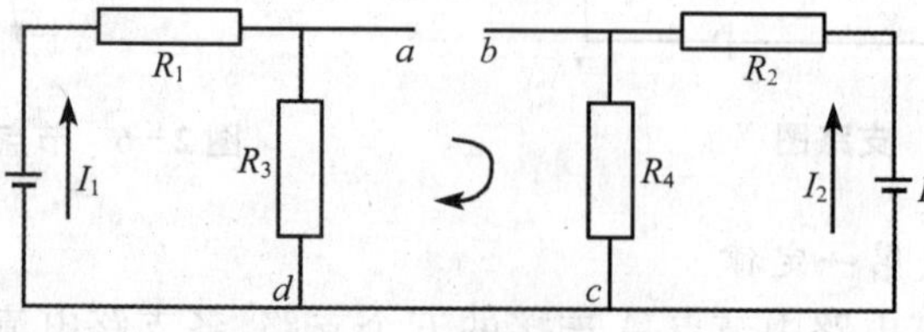

图 2－8　一般电路示意图

电路中 a、b 两点间无电流，设其间电压为 U_{ab}。对回路 $abcda$，可以列出基尔霍夫第二定律方程。其环绕方向为顺时针，即得下式：

$$U_{ab}+I_2R_4-I_1R_3=0$$

因此可求出：

$$U_{ab}=I_1R_3-I_2R_4$$

五、电路的连接

(一) 串联电路

1. 电阻的串联　把几个电阻的头尾依次连接成一串，这样的连接叫做电阻的串联，如图 2-9 所示。串联电路的特点是：

(1) 流过各个电阻的电流 I 都相同(同一电流)。

(2) 总电压 U 等于各个电阻上的分电压之和，即：

$$U=U_1+U_2+U_3=IR_1+IR_2+IR_3$$

由此可知，电阻越大，其分电压也越大，这就是串联电阻的分压原理。

(3) 串联电路的总电阻等于各分电阻之和，用 R 代表总电阻，如图 2-9(b)所示。即：

$$R=R_1+R_2+R_3$$

R 称为等值电阻。此时，电路的总电压和电流保持不变。凡符合等值条件的电路叫等值电路。串联电路的以上三个特点非常重要，工程中常用它来达到限流、分压及降压的目的。

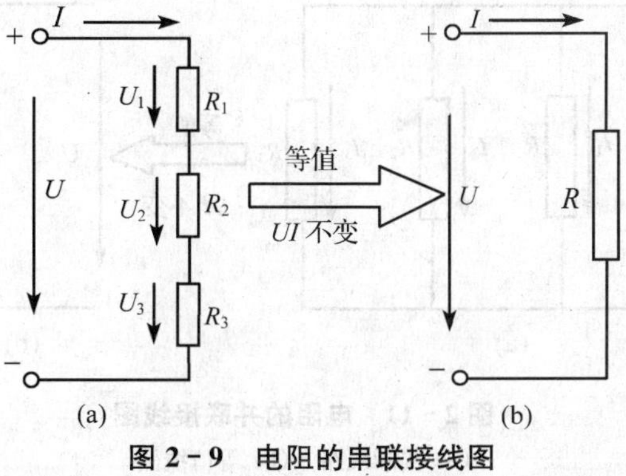

图 2-9　电阻的串联接线图

(a) 实际线路　(b) 等值线路

2. 电源的串联　电源的串联一般指电池的串联。电池的串联是把几个电池的正、负极相间地连接起来，如图 2-10(a)所示。电池串联时应注意，必须使它们推动电流的方向一致，如果把电池接反了，电池的电动势便互相抵消，如图 2-10(b)所示。在需要获得较大电源电压的地方，常采用电源的串联连接。

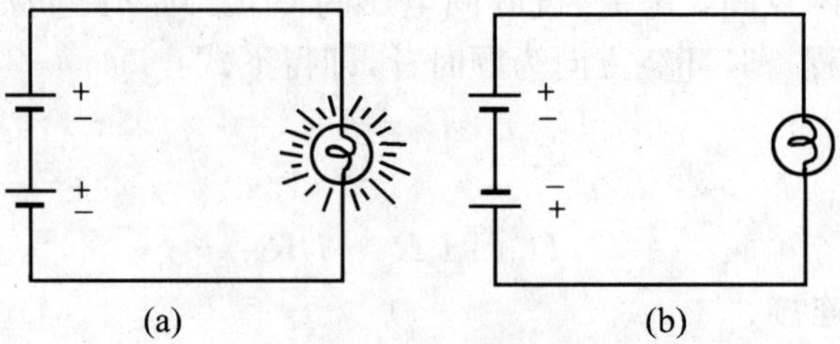

图 2－10　电池串联接线图

(a) 正确的　(b) 错误的

(二) 并联电路

1. 电阻的并联　几个电阻并排地接到承受同一电压的两节点之间的连接，叫做电阻的并联，如图 2－11(a)所示。

并联电路的特点是：

(1) 各并联支路两端的电压相等。

(2) 总电流 I 等于各并联支路电流之和，即：

$$I=I_1+I_2+I_3=U/R_1+U/R_2+U/R_3$$

由上式可见，支路电阻越小，分电流越大，这就是并联电阻的分流原理。

(3) 并联电路总电阻的倒数等于各支路电阻倒数之和，即：

$$1/R=1/R_1+1/R_2+1/R_3$$

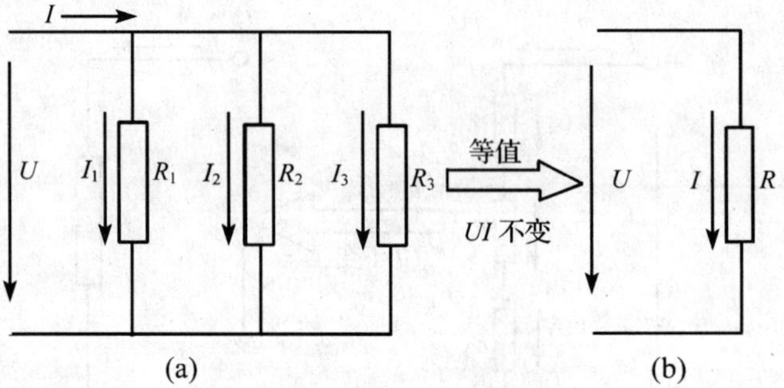

图 2－11　电阻的并联接线图

(a) 实际线路　(b) 等值线路

若两个电阻并联时，则总电阻：

$$R=R_1R_2/(R_1+R_2)$$

若 n 个电阻值均为 R_1 的电阻并联时，则总电阻：

$$R=R_1/n$$

由此可见，并联电路总电阻的值小于任一支路的电阻值。

2. 电源的并联　电源的并联，是把各电源的正极与正极、负极与负极分别相接的连接，如图 2－12(a)所示。电源并联时，各个电源的电动势以及内阻必须相等(至少非常相近)；如果正极和负极接错了，就会产生大量的环流在它们内部循环，这相当于把串联电池组的两极短接了，如图 2－12(b)所示。

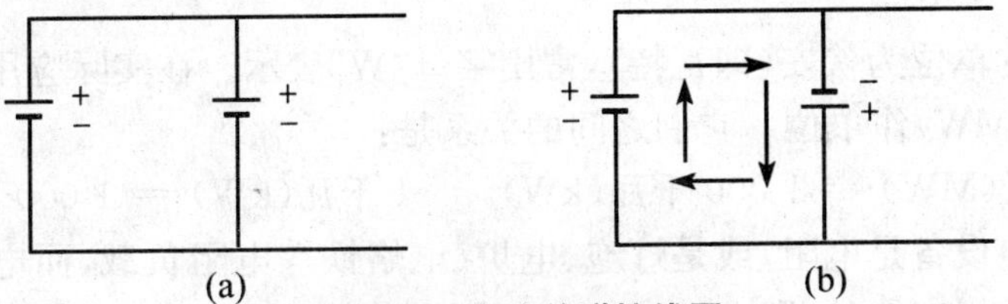

图 2－12　电池并联接线图

(a) 正确的　(b) 错误的

在负载需要获得较大的电流时，常采用电源的并联连接。电池并联连接后，总内电阻降低，而回路电源的容量增大。

(三) 混联电路

既含有电阻串联又含有电阻并联的混合连接方式，称电阻的混联，如图 2－13(a)所示。混联电路的计算方法和化简步骤如下：

1. 整理化简电路　把几个串联或并联的电阻分别用等效电阻来代替，然后求出该电路的总电阻，如图 2－13(b)、(c)、(d)所示。

2. 根据电路的总电压、总电阻，计算出该电路的总电流。

3. 最后推算出各部分的电压降和电流等。

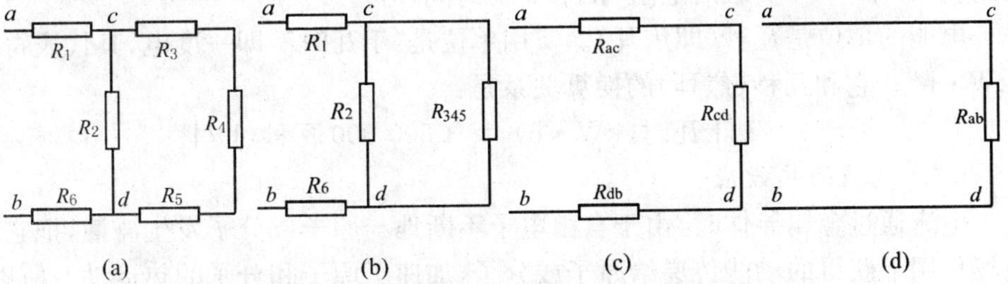

图 2－13　电阻的混联连接及等效电阻的化简步骤图

六、电功率、电能和电流的热效应

电流做功的效果是由电流的功率和电能这两个量来衡量的。因而对电力电路除了要计算电流、电压和电阻外，还要经常分析计算负载接受的电功率和电能。

(一) 电功率

负载是接受电能的。设负载两端的电压为 U，则负载接受的功率就等于它的电压和电流的乘积，通常用字母 P 表示，即：

$$P = UI$$

式中，P——负载接受的功率(W)；U——负载两端的电压(V)；I——通过负载的电流(A)。

不难理解，上面的结论可以推广到任一段(不管有些什么元件或有无分支的)电路。

电功率的单位为伏安(即瓦特)，常用字母“W”表示。在实际应用中，还以千瓦(kW)、兆瓦(MW)作单位。它们之间的关系是：

1 兆瓦(MW) = 1 000 千瓦(kW)　　1 千瓦(kW) = 1 000 瓦(W)

如果用电设备是电阻，或是灯泡、电炉、电烙铁等电阻负载，而电阻上的电压、电流是符合欧姆定律的，即：

$$U = IR \quad 或 \quad I = U/R$$

这样计算电功率的公式可以改写为：

$$P = UI = I^2R = U^2/R$$

对于这样一些电阻负载，只要知道 U、I、P 及 R 中的任意两个量，即可计算出另外的两个量。

(二) 电能

在直流电路中，电动势、电流、电压都是不变的，因而功率也是不变的。把负载接受的功率乘以时间 t，得到的是 t 时间内负载接受的电能。用公式表示，即：

$$W = Pt = UIt = I^2Rt = tU^2/R$$

式中，W——负载接受的电能(kW · h)；U——负载两端的电压(V)；I——电路中的电流(A)；R——负载的电阻(Ω)；t——时间(s)。

电能的单位是瓦秒(即焦耳)。实用单位是“千瓦时”，即一度电，其代表符号为“kW · h”。它和瓦秒(焦耳)的换算关系是：

1 千瓦时(kW · h) = 3 600 000 瓦秒(J)

(三) 电流的热效应

电流通过金属导体时，由于自由电子不断地与原子或分子发生碰撞，把它们在电场作用下获得的动能传递给原子或分子，加速了原子和分子的热运动。所以，电阻在电路中总是将接受的电能转变为热能。电流通过金属导体，使导体的温度升高，这种现象叫做电流的热效应。实验证明，电流 I 流经电阻为 R 的导体时，在时间 t 内所产生的热量，可用下式计算，即：

$$Q = I^2Rt$$

根据欧姆定律，可得：

$$Q = tU^2/R$$

该计算式被称为焦耳定律。式中，Q——电流在电阻上产生的热量(J)；I——通过导体的电流(A)；R——导体的电阻(Ω)；t——时间(s)。

电流的热效应在生产和日常生活中应用很广，例如常见的电炉、电灯(白炽灯)、电烙铁、熔断器等。但电流的热效应也有其有害的一面,例如输电线路本身发热要损失能量,并使其温度升高。因而,为了使电气设备既安全又经济地运行,并保证一定的使用寿命,制造厂对各种电气产品都规定了额定值(如额定电压、额定电流、额定转速等),在额定值附近运行,既经济又安全。

第二节　电磁感应和磁路

一、磁的基本知识

磁铁具有吸铁的性质,称为磁性。

任一磁铁总有两个磁极:即北极(N 极)和南极(S 极)。磁极端部磁性最强,距两端越远磁性越弱。同性磁极相斥,异性磁极相吸。

磁铁能吸铁的空间,称为磁场。为了形象化,常用磁力线来描绘磁场的分布。磁力线在磁铁外部是由北极到南极,在磁铁内部由南极到北极。磁力线是互不相交的连续不断的回线,磁场强的地方磁力线较密,磁场弱的地方磁力线较疏。

将不带磁性的物质使其具有磁性的过程叫磁化。物质能显示磁性的原因是由于磁性分子得到有规律的排列。易磁化的材料称为铁磁性材料。铁磁性材料有两种:① 经磁化磁性不易消失(称为剩磁)的物质,叫硬磁材料,用来制作永久磁铁;② 剩磁极弱的物质,叫软磁材料,用来制作电机和电磁铁的铁芯。

二、电流的磁效应、磁场对通电导体的作用

载流导体周围存在着磁场,即电流产生磁场(电能生磁)称电流的磁效应。电流的磁效应,使我们能够容易地控制磁场的产生和消失,这在生产实践中有着重要的意义。

通电直导线(或线圈)周围磁场(磁力线)的方向,可用右手定则来判断:

1. 通电直导线磁场方向的判断方法　用右手握住导线,大拇指指向电流的方向,则其余四指所指的方向就是磁场的方向,如图 2-14(a)所示。

2. 线圈磁场方向的判断方法　将右手的大拇指伸直,其余四指沿着电流的方向围绕线圈,则大拇指所指的方向就是线圈内部的磁场方向,如图 2-14(b)所示。

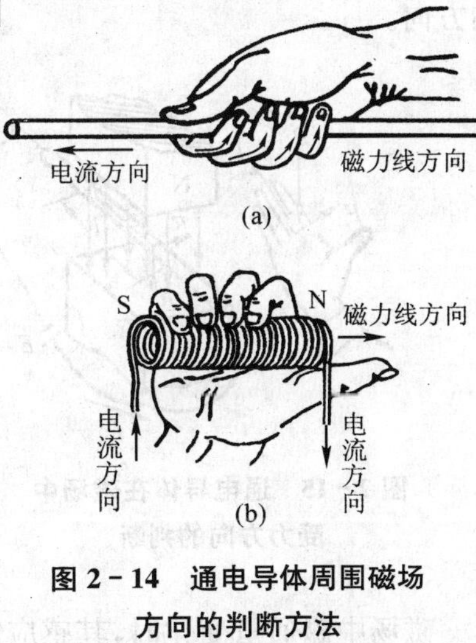

图 2-14　通电导体周围磁场方向的判断方法

(a) 直导线　(b) 线圈

实验证明:通电导线在磁场中会受到力的作用,该力叫做电磁力或电动力。电动机和测量电流电压用的磁电式仪表,就是应用这个原理制成的。

通电导线在磁场中受力的方向，可以应用电动机左手定则来确定。如图2－15所示，伸出左手使掌心迎着磁力线，即磁力线垂直穿过掌心，伸直的四指与导线中的电流方向一致，则与四指成直角的大拇指所指的方向就是导线受力的方向。

电动力的大小与磁场的强弱、电流的大小和方向、通电导线的长度有关。通电的导线越长，电流越大，磁场越强，则导线受到的电动力就越大。电流与磁场的方向垂直时的作用力最大，平行的作用力为零。一般情况下，磁场对电流作用的电动力可用下式计算

$$F=IBl\sin\alpha$$

式中，F——导体在磁场中受到的电磁力(N)；I——通过导体的电流(A)；B——磁感应强度(T)；l——导线的长度(m)；α——载流导体与磁场方向间的夹角(度)。

三、电磁感应

实践证明：导体与磁力线之间有相对切割运动时，这个导体中就有电动势产生；回路的磁通量变化时，回路中就有电势产生，这种现象称为电磁感应现象。由电磁感应现象所产生的电动势叫做感应电动势，由感应电动势所引起的电流叫做感应电流。

导体与磁力线间做相对切割运动时，所产生的感应电动势的方向可用发电机右手定则来确定。如图 2－16 所示，伸平右手，拇指与其余四指垂直，让磁力线垂直穿过手心，拇指的指向代表导线运动的方向，则其余四指的指向就是感应电动势的方向。

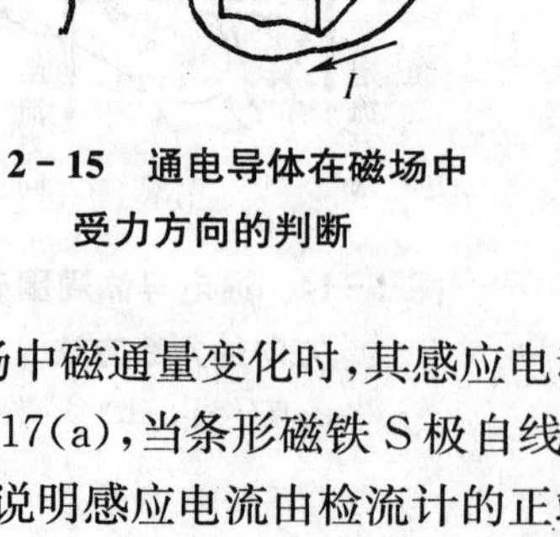

图 2－15　通电导体在磁场中受力方向的判断

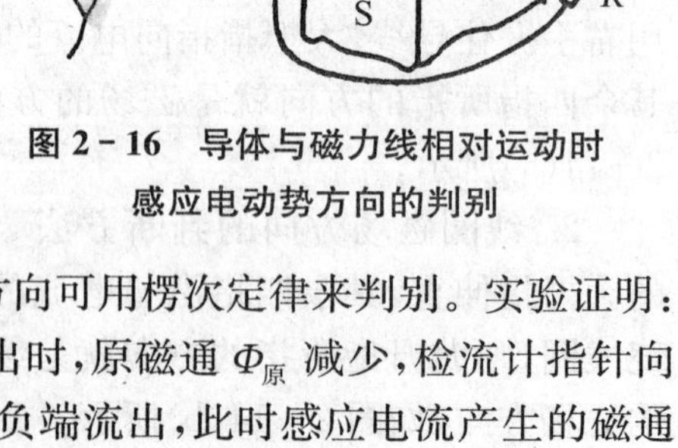

图 2－16　导体与磁力线相对运动时感应电动势方向的判别

磁场中磁通量变化时，其感应电动势的方向可用楞次定律来判别。实验证明：见图 2－17(a)，当条形磁铁 S 极自线圈中拔出时，原磁通 $\Phi_{原}$ 减少，检流计指针向右偏转，说明感应电流由检流计的正端流入，负端流出，此时感应电流产生的磁通 $\Phi_{感}$ 与 $\Phi_{原}$ 方向相同。在图 2－17(b)中，当条形磁铁 S 极插入线圈时，原磁通 $\Phi_{原}$ 增加，检流计指针向左偏转，说明感应电流检流计的负端流入，正端流出，此时感应

电流产生的磁通 $\Phi_{感}$ 与 $\Phi_{原}$ 的方向相反。若磁极方向改变,如图 1－17(c)、(d)所示,感应电流和磁通的方向也随着发生变化。综合上述四种情况,我们得到一个规律:感应电流所产生的磁通,总是企图反抗原磁通的方向相反;当磁通减少时,感应电流所产生的磁通和原磁通的方向相同,这个规律就称为楞次定律。

经实践证明:在均匀磁场中,感应电动势 e 的大小,由下式决定:

$$e=Blv\sin\alpha$$

式中,B——均匀磁场的磁感应强度(T);l——导体在磁场中的有效长度(m);v——导体和磁场相对运动速度(m/s);e——导体切割磁力线产生的感应电动势(V);α——导体运动的方向与磁力线间的夹角(度)。

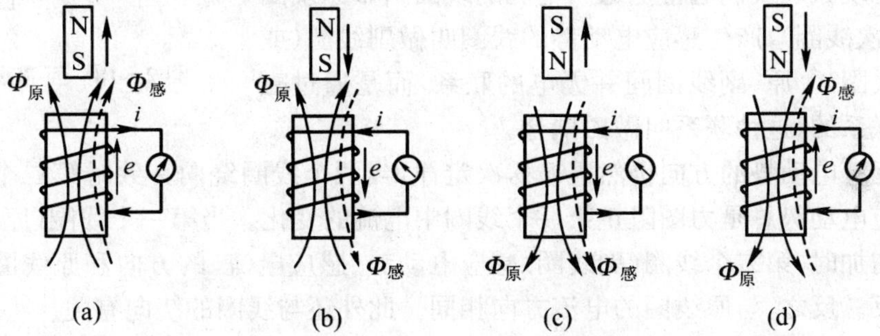

图 2－17　磁通变化时感应电动势方向的判别

四、自感、互感和涡流

(一) 自感

由于线圈(或回路)本身电流的变化而引起线圈(回路)内产生电磁感应的现象,叫做自感现象。由自感现象而产生的感应电动势叫做自感电动势。

自感电动势的方向应用楞次定律来确定:当线圈中电流增加时,自感电动势的方向与电源电动势的方向相反;当电流减少时,自感电动势的方向与电源的电动势方向相同。

自感电动势 e_L 的大小由下式决定:

$$e_L=-L\frac{di}{dt}$$

式中,e_L——自感电势(V);di——线圈中电流的变化量(A);dt——时间变化量(s);L——线圈的自感系数(H)。

实用中自感系数还以毫亨(mH)、微亨(μH)作单位,它们间的关系是:

$$1\ 亨(H)=10^3\ 毫亨(mH)=10^6\ 微亨(\mu H)$$

线圈自感系数(简称自感或电感)的大小,决定于线圈本身的结构(如匝数、几何图形、尺寸)和周围介质的磁导率。电感反映了线圈产生自感电势的能力,是电路的一个参数。

(二) 互感

见图 2-18,快速调节变阻器 R 使线圈 A 中电流增加时可发现与线圈 B 连接的检流计指针将向一方偏转,停止调节变阻器(即保持线圈 A 中电流不变),检流计指针将回到零位;当快速调节变阻器使线圈 A 中电流减少时,则检流计指针将向另一方偏转。这是因为通入线圈 A 的电流变化时,所产生的磁通也变化,其中的部分磁通穿过 B 线圈,因而在线圈 B 中产生了感应电动势,形成的电流使检流计指针偏转,这种现象称为互感现象。我们通常把通入电流的线圈叫做原线圈(或一次线圈),产生感应电动势的线圈叫做副线圈(或二次线圈)。原、副线圈间并无电的联系,而是通过磁通来联系的,这种联系叫做磁耦合。

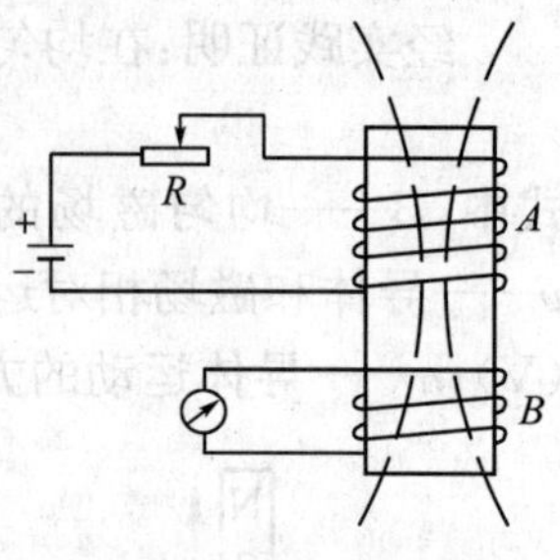

图 2-18　互感现象

互感电动势的方向仍然遵循楞次定律,当两个线圈绕向一致时第二个线圈中的感应电动势总是力图阻止第一个线圈中电流的变化。当第一个线圈(原线圈)中电流增加时,第二个线圈(副线圈)感应电动势(感应电流)的方向和原线圈电流方向相反。反之,与原线圈的电流方向相同。此外还与线圈的绕向有关。

互感电动势的大小由下式决定

$$e_M = -M\frac{di}{dt}$$

式中,e_M——互感电势(V);di——原线圈中电流的变化量(A);dt——时间变化量(s);M——线圈的互感系数(H)。

互感系数 M(简称互感)与两个线圈的匝数、几何形状、相对位置以及周围介质等因素有关。其大小反映了一个线圈在另一个线圈中产生互感电动势的能力。

(三) 线圈的极性

见图 2-19,当线圈 L_1 的感应电动势(或自感电动势)使其某一端的瞬时电位为正值,线圈 L_2 的感应电动势也必然同时使其有一个电位为正的对应端。这两个对应端就叫做同极性或同名端。当同时穿过线圈 L_1 和 L_2 的磁通 Φ 减少时,L_1 的感应电动势 e_1 使端点 $1'$ 为正、1 为负;L_2 的感应电动势 e_2 使端点 $2'$ 为正、2 为负。当 Φ 增加时,各端点的极性同时改变。但不论 Φ 如何改变,各对应端点(如 1、2 或 $1'$、$2'$)的极性始终一样。综上所述可知,在同一变化磁通的作用下,感应电动势极性相同的端叫做同名端(如 1,2 端点或 $1'$、$2'$ 端点);感应电动势极性相反的端叫做异名端(1、$2'$ 端点或 2、$1'$ 端点)。我们把同名端用符号“*”(或“·”和“+”)来标记。标记了同名端后,线圈的具体绕法及其相对应位置就不需要在图中表现出来了,两组线圈可以用图 2-19 的符号来表示同名端(极性)。

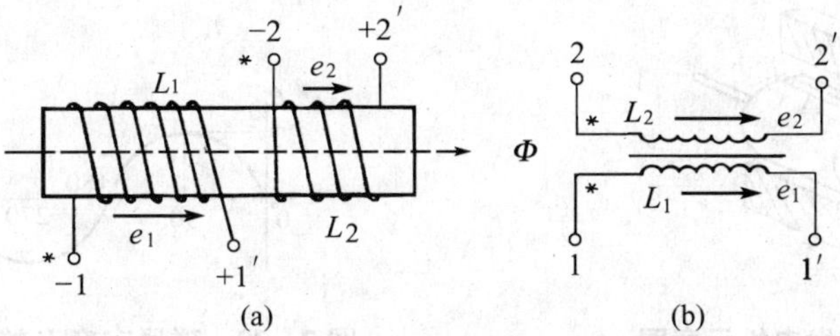

图 2-19　线圈极性的判断

(a) 判别极性　(b) 同名端表示法

（四）涡流

涡流是感应电流的一种，如图 2-20 所示。带有铁芯的线圈相当于原线圈，铁芯相当于副线圈。当线圈通有变化的电流时，便在铁芯内产生变化的磁通，由于互感作用，在铁芯内将产生自成回路的环流，称为涡流。涡流会使铁芯发热，增加电能的损耗，叫做涡流损失。交流电器的铁芯由涂有绝缘漆的硅钢片叠成，就是为了减少涡流损失。

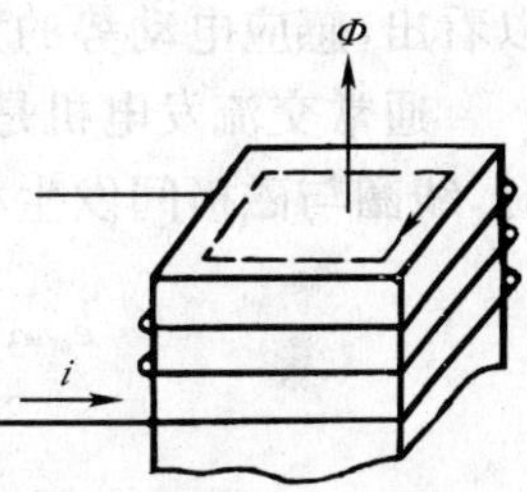

图 2-20　整块铁芯的涡流

第三节　单相交流电路

交流电可分为正弦交流电和非正弦交流电两类。正弦交流电是指它的电流（或电压、电动势）是随时间按正弦规律变化的，非正弦交流电是指它的电流（或电压、电动势）虽是随时间而变化，但它不是按正弦规律变化的，我们在生产和生活中使用的大多是正弦交流电。

一、正弦交流电的产生

图 2-21 所示为单相交流发电机示意图。图中 N、S 为发电机的两个磁极，中间的圆柱电枢表面上的磁通密度 B 就会因气隙的变化而作正弦分布。即两极正中处 B 最大($B=B_m$)，两极交界处 B 最小($B=0$)，形成中性面。线圈 AB 平面与中性面成 α 夹角。

作用在线圈上的磁通密度 B，将按 α 角作正弦变化（见图 2-22），其表示为：

$$B = B_m \sin\alpha$$

当原动机拖动转子（即电枢）按反时针方向作匀速圆周运动时，在线圈的两端将产生感应电动势。其大小可用下式表示：

$$e = B_m l v \sin\alpha = E_m \sin\alpha$$

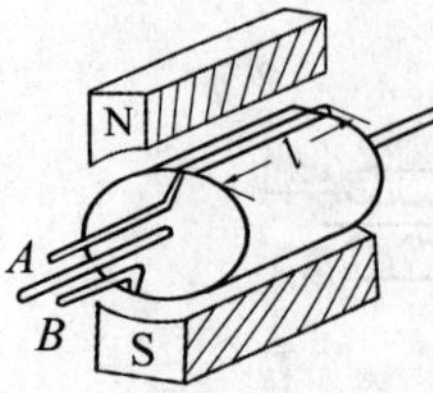

图 2-21　单相交流发电机示意图

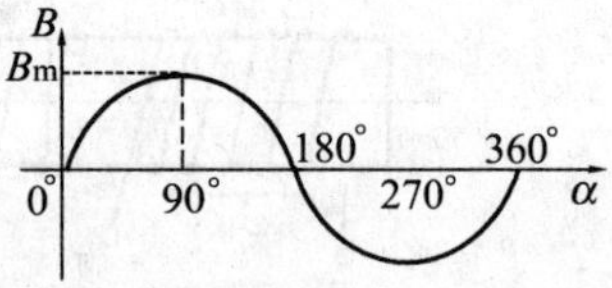

图 2-22　磁通密度 B 的变化曲线图

由上式可以看出，感应电动势 e 随着角度 α 成正弦变化，由此可求出线圈 AB 在任何位置时感应电动势的大小。图 2-23 是正弦感应电动势的波形。从图中可以看出，感应电动势的大小和方向，都在随时间做周期性的变化。

通常交流发电机是磁极在转动(称转子)，而线圈固定不动(称定子)，磁极转动时，线圈与磁极间发生相对运动而产生交流电。

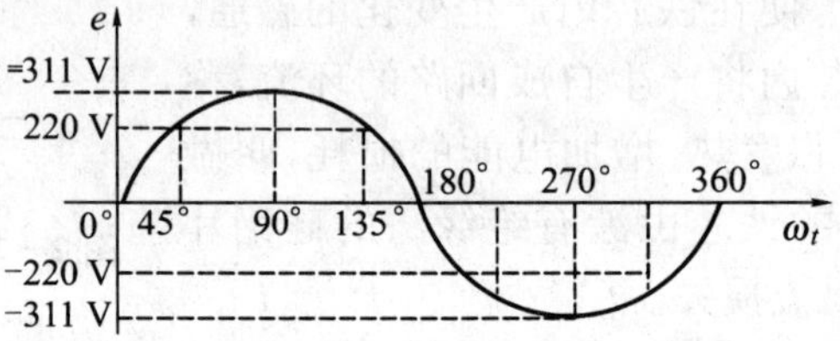

图 2-23　正弦感应电动势的波形图

二、交流电的基本物理量

(一) 周期和频率

图 2-23 中，线圈在两个磁极间旋转一周，交流电即完成一次正和负的变化，我们称之为一个周波。交流电变化一周所需的时间叫做周期，用字母"T"来表示，单位是秒。单位时间(即 1 s)内，交流电变化的周数叫做频率，用字母"f"表示，单位是赫兹(Hz)，简称赫。我国采用的交流电频率为 50 Hz。按定义可知，频率和周期的关系是：

$$T = 1/f \text{ 或 } f = 1/T$$

例如频率为 50 Hz，则周期

$$T = 1/f = 1/50 = 0.02(\text{s})$$

(二) 角频率

导线旋转一周，角度变化 2π(弧度)，所需时间为一周期 T。所以，单位时间内所转过的角度，可表示为

$$\omega = 2\pi/T = 2\pi f$$

ω 称为角频率。可见，角频率 ω、周期 T 以及频率 f 都是反映交流电变化快慢的物理量。

（三）交流电的瞬时值、最大值和有效值

1. 瞬时值和最大值　正弦交流电在任一瞬间所具有的数值叫做瞬时值。用符号“i”、“u”、“e”分别表示电流、电压、电动势的瞬时值。交流电最大的瞬时值，称为最大值或振幅值。用符号“I_m”、“U_m”、“E_m”分别表示电流、电压、电动势的最大值。交流电中感应电动势的瞬时值和最大值之间的关系为

$$e = E_m \sin\alpha = E_m \sin\omega t$$

式中，e——感应电动势的瞬时值；E_m——感应电动势的最大值；α——电气角，等于角频率 ω 与时间 t 的乘积。

2. 有效值　实际上，常用热效应相等的直流电流来表示交流电流值的大小。用两个同样的电阻，分别通过交流电和直流电，经过相等的时间，它们所产生的热量相等，则该直流电的数值就称为该交流电的有效值。用符号“I”、“U”、“E”分别表示电流、电压、电动势的有效值。经过实验和数学分析得出，正弦量的有效值和最大值之间的关系为：

$$I=\frac{\sqrt{2}}{2}I_m = 0.707I_m \quad 或\ I_m = 1.414I$$

$$U=\frac{\sqrt{2}}{2}U_m = 0.707U_m \quad 或\ U_m = 1.414U$$

$$E=\frac{\sqrt{2}}{2}E_m = 0.707E_m \quad 或\ E_m = 1.414E$$

通常所说的交流电数值，以及交流机电产品铭牌上的额定值都是指有效值。

3. 初相角与相位角　如前所述，公式 $e = E_m \sin\omega t$ 可以用图 2－24 的波形图来表示，曲线的计时起点是选择在感应电动势为零的那一瞬间。如果导线开始转动之前，就和中性面之间存在一个角度 ψ，见图 2－24(a)。那么导线在一开始转动的瞬间就有感应电动势产生。

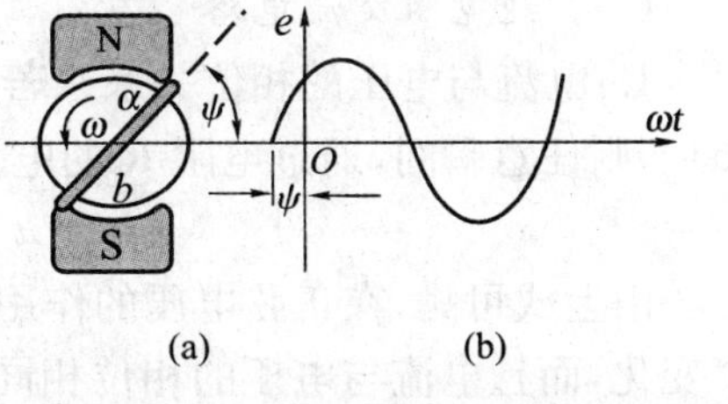

图 2－24　正弦交流电的初相角图

(a) 导线的初始位置

(b) 初相角为 ψ 时的正弦电动势波形

这个开始时就存在的角度称之为初相角。此时，感应电动势的瞬时值，可用下式表示，即：

$$e = E_m \sin(\omega t + \psi)$$

式中 ψ 为初相角，ψ 值可以等于零，也可以等于正值或负值。图 2－24(b)所示是初相角为 ψ 时的正弦电动势波形。对于一个正弦量来讲，如果最大值、频率、初相角确定了，那么这个正弦量就完全确定了，因此，把最大值、频率，初相角称为正弦量的三要素。如果有两个频率相等，而初相角不同的正弦量，二者的初相角之

差，则称为相角差或相位差。图 2-25 中，线圈 1 的初相角为 ψ_1，线圈 2 的初相角为 ψ_2，那么 $(\psi_1-\psi_2)$ 便称为相位差或相角差，用字母 ψ 表示，即：

$$\psi=\psi_1-\psi_2$$

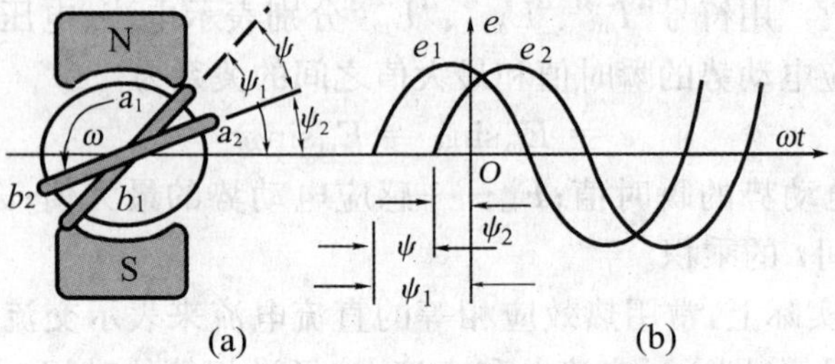

图 2-25　同频率正弦量的相位差图

(a) 两导线的初始位置　(b) 相位差为 ψ 的同频率正弦电动势波形

由图可以看出，e_1 先到达零值或最大值，从相位上说 e_1 较 e_2 超前一个角度 ψ 或者说 e_2 滞后于 e_1 一个 ψ 角度。如果两个正弦交流量相位差为零，则两者为同相。如果它们的相位差为 180 度，则两者为反相。应强调指出，只有同频率的正弦量之间，才有相位差、超前、滞后等概念，频率不同，在相位上不能进行比较。

三、单相交流电路

研究交流电路的目的和直流电路一样，是为了掌握电路中电压和电流的关系及其能量、功率的转换情况。

（一）纯电阻交流电路

1. 电流与电压的相位关系　若加在电阻两端的电压 $u=U_m\sin\omega t$[见图 2-26(a)]，则任意瞬间，通过电阻 R 的电流仍可根据欧姆定律算出，即：

$$i=u/R=U_m\sin\omega t/R$$

由上式可见，在正弦电压的作用下，电阻中通过的电流也按同一频率的正弦规律变化，而且电流与电压的相位相同。图 2-26(b)、(c)是电压与电流的波形图和相量图。

2. 电流与电压有效值之间的关系　在纯电阻电路中，由于电流与电压同相，两者的最大值 I_m、U_m 在同一瞬间出现。将最大值除以$\sqrt{2}$，则得有效值，即：

$$I=I_m/\sqrt{2}=U/R\quad 或\ U=U_m/\sqrt{2}=IR$$

3. 电路的功率

(1) 瞬时功率：在任意瞬间，电阻 R 消耗的功率（称为瞬时功率）等于这个时刻电压 u 与电流 i 的乘积，即：

$$\begin{aligned}p=ui&=U_m\sin\omega t\times I_m\sin\omega t=U_mI_m\sin^2\omega t\\&=U_mI_m(1-\cos2\omega t)/2\\&=UI(1-\cos2\omega t)\end{aligned}$$

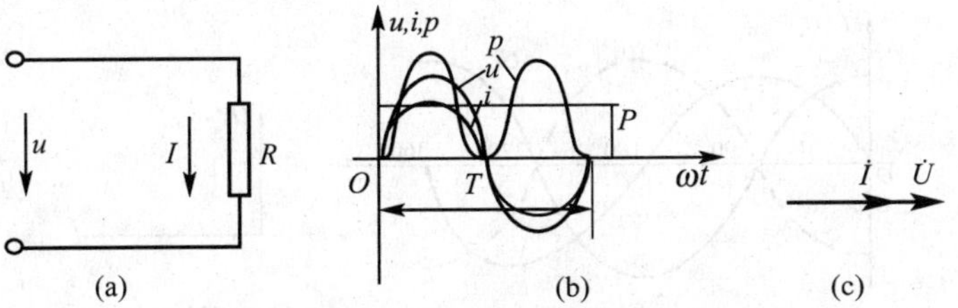

图 2-26　纯电阻电路图

(a) 电路图　(b) 电压、电流、功率波形图　(c) 电压、电流相量图

由上式可见，瞬时功率也是一条按正弦规律变化的曲线。它的频率双倍于电压、电流的频率，如图 2-26(b)所示，其数值始终为正值(在 0～2π 的范围内周期性地变化着)，这表明负载在任何时间都向电源取用电能。

(2) 平均功率：通常所说的电路功率，是指在一个周期内瞬时功率的平均值，称为平均功率。其大小等于瞬时功率最大值的一半，即：

$$P = UI = I^2R = U^2/R$$

平均功率就是电阻上所消耗的功率，所以又称为功率，它的单位为瓦(W)。

(二) 纯电感交流电路

1. 电感线圈的特性　当线圈接在交流电路中时，由于电流是变化的，将在线圈中产生自感电势，以反抗电流的变化。这说明，电感具有阻碍交流电流通过的作用。我们把电感线圈的这种“阻力”称为电感电抗(简称感抗)，用符号 X_L 表示。根据数学分析得出：当线圈的电感 L 为常数时，感抗 X_L 与频率 f 成正比，即：

$$X_L = \omega L = 2\pi fL$$

式中，X_L——感抗(Ω)；2π——常数(π＝3.14)；f——频率(Hz)；L——线圈的电感(H)。

2. 电流与电压的相位关系　图 2-27 为一纯电感电路。

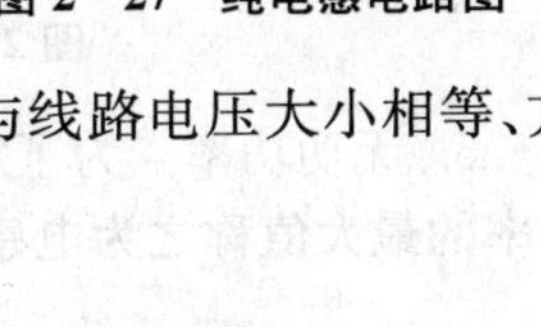

图 2-27　纯电感电路图

在正弦电压的作用下，线圈中通过的电流为 $i = I_m \sin\omega t$，因而将在线圈中产生自感电动势 e_1。根据楞次定律，自感电动势的方向具有阻碍电流磁场变化的趋势。当电流增加时，自感电动势方向和电流方向相反；当电流减少时，自感电动势方向和电流方向相同。说明自感电动势的变化较电流滞后 90°。因自感电动势与线路电压大小相等、方向相反，所以线路电压的相位超前电流 90°，见图 2-28。

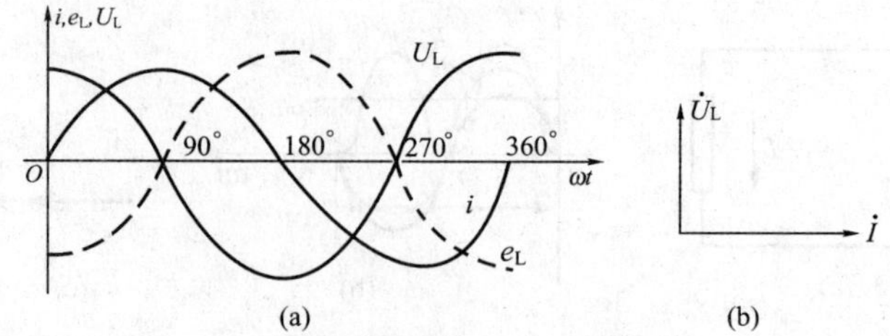

图 2-28　纯电感电路中电流、电压的波形图及相量图

(a) i、e_L、u_L 的波形图　(b) I、U_L 的相量图

3. 电压与电流有效值间的关系　纯电感电路中，电压 U_L 和电流 I 之间的关系，形式上符合欧姆定律，可用公式表示为：

$$I = U_L/X_L = U_L/2\pi fL$$

4. 电路的功率　在任意瞬间，电路的功率等于这个时刻的电压 u 与电流 i 的乘积，即：

$$p = ui = U_m I_m \sin\omega t \sin(\omega t + 90°)$$
$$= IU\sin 2\omega t$$

图 2-29 示意出了纯电感电路中瞬时功率 p 的波形图。图中第一和第三个 1/4 周期内，p 是正值，表示线圈要从电源吸取电能，并把它转换为磁场能，贮藏在线圈周围的磁场中，此时线圈起着一个负载的作用。但在第二和第四个 1/4 周期内，p 为负值，表示线圈向电源输送能量，也就是线圈把磁场能转换为电能而送回电源，此时线圈起着一个电源的作用。综上所述，纯电感线圈时而“吞进”能量，时而“吐出”能量，如此循环不止。因此，在一个周期内平均功率为零，即纯电感线圈在交流电路中不消耗有功功率。

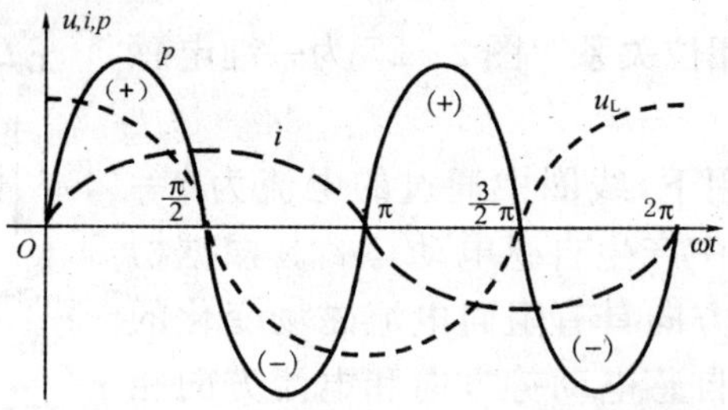

图 2-29　纯电感电路中瞬时功率 p 的波形图

5. 无功功率　为了定量地分析电感线圈与电源之间能量交换的规模，把瞬时功率的最大值称之为电感电路的无功功率，用字母 Q 表示，即：

$$Q = IU_L = I^2 X_L = U_L^2/X_L$$

式中，Q——无功功率(var)；I——通过线圈的电流(A)；U_L——线圈两端电压(V)；X_L——线圈感抗(Ω)。

无功功率的单位是乏尔(简称乏)常用字母 var 表示。实际应用中还以千乏(kvar)作单位,它们的关系是:

$$1\text{ 千乏(kvar)} = 1\,000\text{ 乏(var)}$$

(三) 电阻与电感串联的交流电路

实际的电感线圈既有电感又有电阻,其等值电路是电阻和电感串联的电路,这种电路称为感性电路,如图 2-30(a)所示。

1. 总电压与电流的关系及电路的性质　为了便于分析,先假定电路的正弦电流为 i。根据串联电路的特点,电路总电压 u 的瞬时值等于各段电压瞬时值之和,也即 $u=u_R+u_L$。将曲线 u_R 及 u_L 每一时刻的高度叠加后便得总电压 u 的曲线,如图 2-30(b)所示。从图中可见,总电压 u 也是按正弦规律变化的曲线,且超前电流 ψ 角。总电压的有效值 U,应由各段电压的相量和来求,见图 2-30(c)。

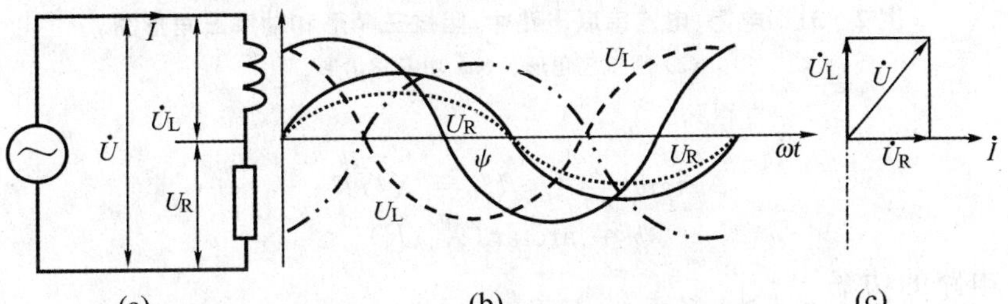

图 2-30　电阻与电感串联的电路图

(a) 电路图　(b) 电压、电流波形图　(c) 电压相量图

从图中可以看出相量 U_R、U_L 和 U 构成一个直角三角形(称为电压三角形),总电压有效值为:

$$U=\sqrt{U_R^2+U_L^2}$$

将 $U_R=IR$ 和 $U_L=IX_L$ 代入上式,则得:

$$U=\sqrt{(IR)^2+(IX_L)^2}=I\sqrt{R^2+X_L^2}=IZ$$

则:

$$Z=\sqrt{R^2+X_L^2}=\sqrt{R^2+(\omega L)^2}$$

Z 是由电路的电阻和电抗所决定的一个常数,称为电路的阻抗,其单位也为欧姆。将图 2-30(c)的电压三角形各边同除以电流 I 得到与电压三角形相似的阻抗三角形,如图 2-31(a)所示。根据图 2-30(c)和图 2-31(a)得功率因数:

$$\cos\psi=U_R/U=R/Z\text{(滞后)}$$

由此可得负载的功率因数角:

$$\psi=\arccos(R/Z)$$

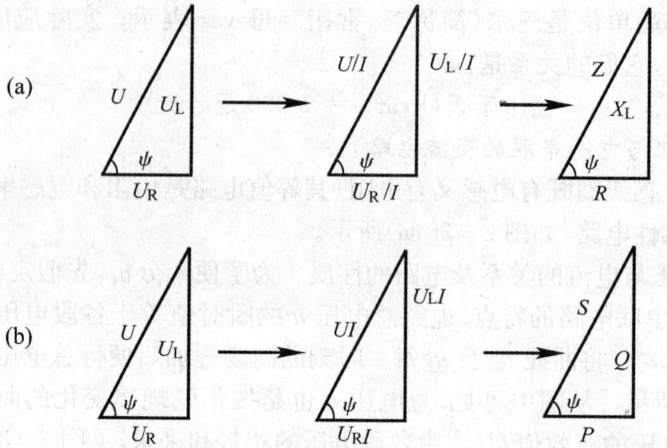

图 2-31　电阻、电感串联电路中，阻抗三角形和功率三角形图

(a) 阻抗三角形　(b) 功率三角形

或

$$\tan\psi = U_L/U_R = X_L/R$$
$$\psi = \arctan(X_L/R)$$

2. 电路的功率

(1) 有功功率：在 R、L 串联电路中，只有电阻消耗功率。根据电压三角形可得：$U_R = U\cos\psi$

将上式代入有功功率常用的计算公式，则得：

$$P = UI\cos\psi$$

(2) 无功功率：由电压三角形得知 $U_L = U\sin\psi$，所以无功功率：

$$Q = UI\sin\psi$$

(3) 视在功率：若将图 2-31 所示的电压三角形各边同乘以电流 I，则得到一个与电压三角形相似的功率三角形，如图 2-31(b)所示。其底边就是有功功率 P，高就是无功功率 Q，而斜边则等于电压和电流有效值的乘积，称为视在功率，用字母 S 表示，即：

$$S = UI$$

其单位为伏安(V·A)或千伏安(kV·A)。

功率三角形与电压三角形和阻抗三角形是相似三角形。由图可知：

$$S = \sqrt{P^2 + Q^2} \qquad \cos\psi = P/S$$

由上式可以看出，功率因数越高，表示负载有功功率占的比例越大，无功功率占的比例越小，电源被利用的程度越高。

(四) 纯电容电路

纯电容电路如图 2-32 所示。

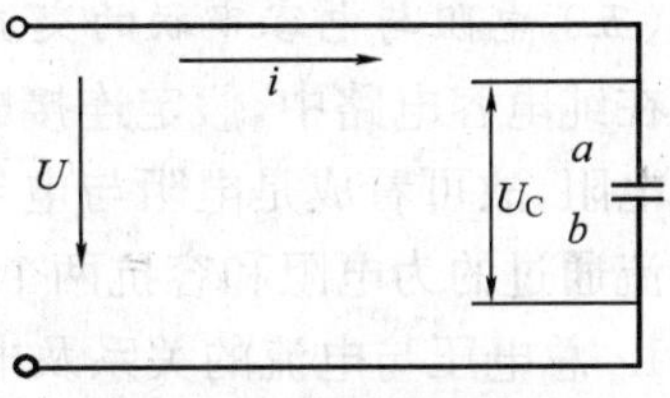

图 2-32　纯电容电路图

在交流电路中，电容器不断地充电、放电，因而在电路中形成不断来回变化的交变电流。电荷变化率越大，电流也越大。由于交变电压由正方向到负方向或由负方向到正方向通过零点时电荷变化率最大，因此电流也最大。电压到达最大值时，变化率最小，电流为零。电压从零到正最大值时，电流正好从正最大值到零。所以，电流比外加电压超前 90°。其波形及相量图如图 2-33(a)、(b)所示。

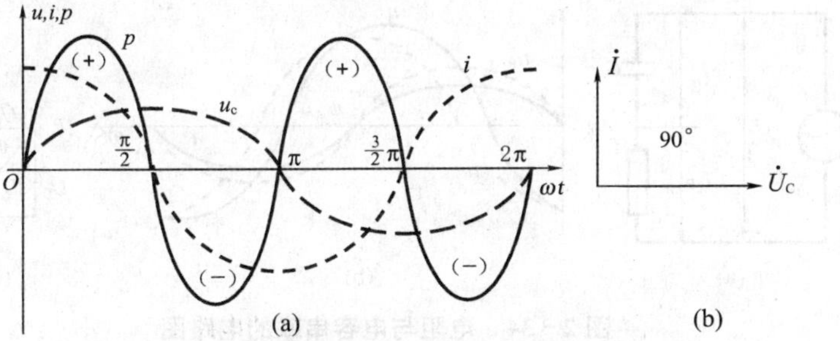

图 2-33　纯电容电路中各电量的波形图及相量图

(a) 电流、电压、功率的波形图　(b) 电流、电压的相量图

在交流电路中，由于电容器周期性地充电和放电，电容器两个极板上建立的电压极性与电源电压的极性总是相同的，因此电容器极板上的电压相当于反电势，对交流电流具有阻碍作用。电容器对交流电流的这种阻力称为电容电抗（简称容抗），用符号 X_C 表示。电容器的容抗 X_C 与其电容 C 和交流电的频率 f 成反比，即：

$$X_C = 1/2\pi fC = 1/\omega C$$

式中，X_C——容抗(Ω)；f——频率(Hz)；C——电容(F)，$1F=10^6\ \mu F$。

由上式看出，交流电的频率越低，电容器对其阻力越大。直流电频率为 0，电容器对其阻力就无限大，故直流电不能通过电容器。

瞬时功率随时间而变化的规律，如图 2-33 所示。图中第一和第三个 1/4 周期内，电压和电流的方向一致，电容器被充电，功率是正值，表示电源能量被电容器所吸收；第二和第四个 1/4 周期内，电压和电流的方向相反，电容器放电，功率是负值，表示能量由电容器返回电源。由于功率曲线正半周的面积等于负半周的面积，因而平均功率为零，说明电容器不消耗功率。

与纯电感电路一样，我们把功率曲线 p 的最大值（振幅值），叫做电容电路的无功功率，它表示电源和电容器间功率交换的最大速率，其值为：

$$Q = U_C I = I^2 X_C = U_C^2 / X_C$$

(五) 电阻与电容串联的交流电路

在纯电容电路中,假定连接电容器的导线是没有电阻的,实际上导线中多少存在着电阻,故可看成是电阻与电容的串联电路,如图 2-34(a)所示。即电路中限制电流通过的为电阻和容抗两个因素。

1. 总电压与电流的关系及电路性质　为了分析方便起见,假定电路中通过的正弦电流为 i。根据串联电路的特点,电路总电压的瞬时值等于各段电压瞬时值之和,即 $u = u_R + u_C$,图 2-34(b)即为 u_R、u_C 及 u 的波形图。由图可见,总电压 u 也是按正弦规律变化的,且滞后于电流一个 ψ 角。

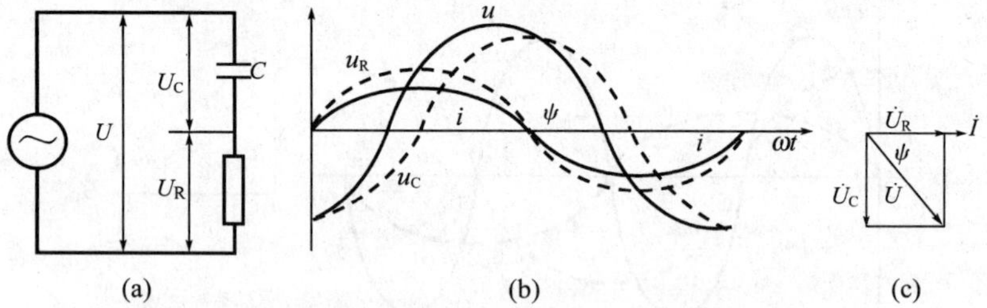

图 2-34　电阻与电容串联的电路图

(a) 电路图　(b) 电流、电压波形图　(c) 电流、电压相量图

由于各段电压的相位不同,总电压应由各段电压的相量和来求。如图 2-34(c)所示。首先作出电流相量 I,并作电压相量 U_R(与 I 同相位)、U_C(滞后 90°),最后作出总电压 U 相量。同样,相量 U_R、U_C 和 U 构成一直角三角形(称电压三角形),即:

$$U = \sqrt{U_R^2 + U_C^2} = \sqrt{(IR)^2 + (IX_C)^2} = I\sqrt{R^2 + X_C^2} = IZ$$

上式是 R、C 串联交流电路中欧姆定律的表达式,其阻抗为:

$$Z = \sqrt{R^2 + X_C{}^2} = \sqrt{R^2 + (1/\omega C)^2}$$

将图 2-34(c)电压三角形的各边同除以电流 I,则同样可得到与电压三角相似的阻抗三角形,如图 2-35(b)所示。

2. 电路的功率

(1) 有功功率:与 R、L 串联电路一样,只有电阻消耗功率,故:

$$P = I^2R = U_RI = UI\cos\psi$$

(2) 无功功率:电容本身并不消耗功率,但与电源之间有周期性的能量交换,电路中的无功功率为:

$$Q = I^2X_C = U_CI = UI\sin\psi$$

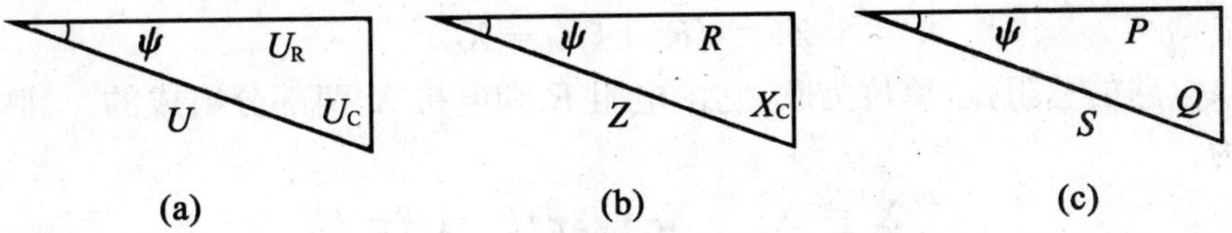

图 2 - 35　电压、阻抗及功率三角形图

(a) 电压三角形　(b) 阻抗三角形　(c) 功率三角形

(3) 视在功率：将电压三角形的各边同乘以电流 I，能得到一个与电压三角形相似的功率三角形，如图 2 - 35(c)所示，其斜边为视在功率 S。同样可以得到：

$$S = \sqrt{P^2 + Q^2}$$

(六) 电阻、电感与电容串联的交流电路

图 2 - 36 所示为电阻、电感与电容串联的电路。

1. 总电压与电流的关系　串联电路中，总电压的瞬时值等于各部分电压瞬时值之和，即：

$$U = U_R + U_L + U_C$$

或用相量表示，即：

$$U = U_R + U_L + U_C$$

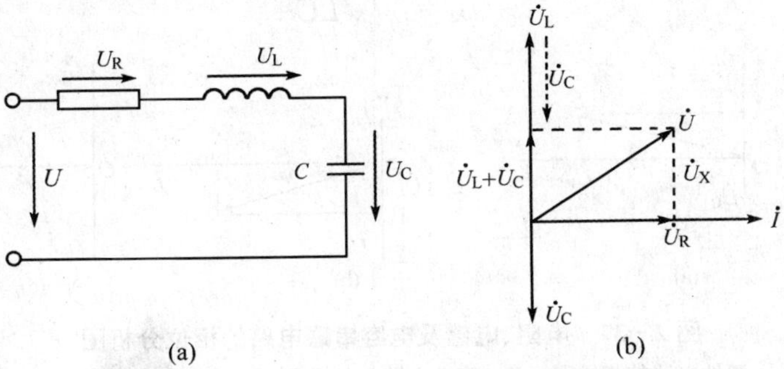

图 2 - 36　电阻、电感、电容串联的电路图

(a) 电路图　(b) 电压、电流相量图

现以电流 I 为参考相量，作出相量图，如图 2 - 36(b)所示。从图中可以看出，U、U_R和 U_X($U_X = U_L + U_C$)也可以组成一直角三角形。

由图 2 - 36(b)可得：

$$U = \sqrt{U_R^2 + (U_L - U_C)^2} = I\sqrt{R^2 + (X_L - X_C)^2} = IZ$$

或：

$$I = U/Z$$

其中：

$$Z=\sqrt{R^2+(X_L-X_C)^2}$$

称为该电路的总阻抗，单位为欧，它由电阻 R 和电抗 X 两部分组成的。其中电抗部分为：

$$X = X_L - X_C = 2\pi fL - 1/2\pi fC$$

阻抗角：

$$\psi = \arctan(U_L - U_C)/U_R = \arctan(X_L - X_C)/R$$

2. 电阻、电感与电容串联电路的特性分析　首先分析串联电路的情况：

(1) 当 $X_L > X_C$ 时，则 $U_L > U_C$，电路是感性的，其 ψ 角为正，电路总电压趋前于电流，如图 2-37(a)所示。

(2) 当 $X_L < X_C$ 时，则 $U_L < U_C$，电路是容性的，其 ψ 角为负，电路总电压滞后于电流，如图 2-37(b)所示。

(3) 当 $X_L = X_C$ 时，则 $U_L = U_C$，电流和电压同相位。电路的这种情况称为串联谐振，又叫电压谐振，如图 2-37(c)所示。这时电路总阻抗 $Z=R$，电路中的电流 $I=U/R$，达到最大值，电路呈电阻性。若 $R \gg X_L$（或 X_C），则在线圈两端和电容器两端将出现高电压。此电压可能超过电源电压许多倍，威胁元件的绝缘，故在电力系统中要尽量避免发生串联谐振。发生串联谐振时，频率和电路参数的关系是：

$$\omega_0 = 1/\sqrt{LC}$$

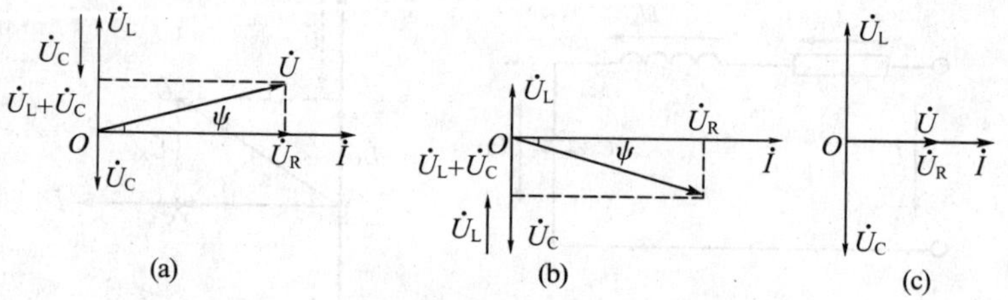

图 2-37　电阻、电感及电容串联电路的相位分析图

(a) 感性电路的相量图　(b) 容性电路的相量图　(c) 纯电阻电路的相量图

3. 电路的功率　因电路中电感与电容均不消耗能量，只有电阻消耗能量，所以 R、L、C 串联电路的功率为：

有功功率：$P = U_R I = I^2 R = UI\cos\psi$

无功功率：$Q = U_X I = I^2 X = UI\sin\psi$

视在功率：$S = UI$

电路中电压和电流的相位差角：$\psi = \arctan(X_L - X_C)/R = \arctan Q/P$

功率因数：$\cos\psi = R/\sqrt{R^2 + X^2} = P/S$

(七) 并联电容与提高功率因数的意义

1. 并联电容电路　大多数电器设备都是属于电感性的，可看作电感与电阻的串联电路，这类负载与电容并联，在实际应用上有很重要的意义，其电路如图 2－38(a)所示。L、R 为用电器的电感与电阻。如不并联电容，则电源电流为 I_1，功率因数为 $\cos\psi_1$。并联电容后，流过电容的电流为 I_C，其值为：

$$I_C = U/X_C$$

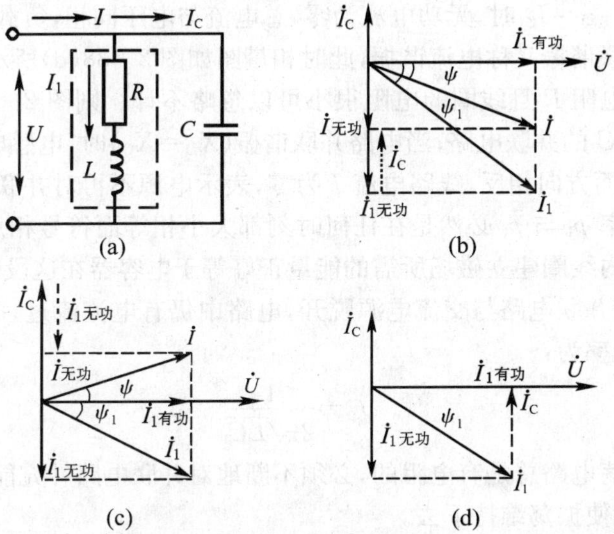

图 2－38　电阻、电感与电容的并联电路及其电压、电流相量图

I_C 超前 U 的相位为 $\pi/2$，电流、电压的相量图如图 2－38(b)所示，此时线路的总电流 I 为 I_1 与 I_C 两电流的相量和。计算时可先将 I_1 分解成两个互相垂直的分量：$I_{1有功}$ 和 $I_{1无功}$，$I_{1无功}$ 与电容电流 I_C 的方向相反，两者之差为 $I_{无功} = I_{1无功} - I_C$。所以总电流为：

$$I = \sqrt{I_{1有功}^2 + I_{无功}^2}$$

总电流 I 与电压 U 之间的相位差为 ψ 角，其值可根据下式算得：

$$\tan\psi = I_{无功} / I_{1有功} = (I_{1无功} - I_C) / I_{1有功}$$

从相量图上可见，在电感性负载的两端并联适当的电容后，可以起到下述两个作用：

(1) 使总电流减少，它比不并联电容时的电流 I_1 要小，这是因为 I_C 与 $I_{1无功}$ 相位相反，减小了 $I_{1无功}$ 的缘故。

(2) 并联电容后的功率因数 $\cos\psi$，比原来用电器的功率因数 $\cos\psi_1$ 提高了。

如 40 瓦的日光灯管与镇流器(即铁芯电感线圈)串联，接到 220 V 的交流电源上，相当于是电阻与电感串联电路，通过的电流约为 0.41 A；此时用电器的功率因数 $\cos\psi_1$ 仅为 0.44 左右(即 $\cos\psi_1 = P/S = 40/220 \times 0.41$)。若并联一只 4.5 μF 的电容，根据图 2－38(b)相量图计算，则总电流就从 0.41 A 下降为 0.19 A，功率因

数从 $\cos\phi_1=0.44$ 提高到 $\cos\phi=0.957$。

当并联电容值较小时，$I_{1无功}>I_C$，此时总电流 I 仍滞后电压 U，对电源来说仍是电感性的，不过电源电流滞后电压的相位差的角度要小一些。当电容值过大，使 $I_{1无功}<I_C$，此时总电流比电压超前，负载变为电容性，电压电流相量图如图 2-38(c)所示。当 $I_{1无功}=I_C$ 时，无功电流为零，总电流与电压同相，负载呈现电阻性，这时电路发生并联谐振又称电流谐振，此时相量图如图 2-38(d)所示。

如果没有电阻 R 且线圈的电阻很小可以忽略不计。则图 2-38(a)便成为纯电感 L 与电容 C 的并联电路；当电路并联谐振($X_L=X_C$)时，电感电流 I_L 与电容电流 I_C 大小相等而方向相反，线路电流 I 为零，表示电源不再对并联电路供给能量，此时的瞬时功率 p_L 与 p_C 必然是在任何时刻都大小相等而符号相反的。这表明在任何一段时间内线圈建立磁场所需的能量正好等于电容器在这段时间内所释放的能量。因此，把并联电路与交流电源脱开，电路中仍有电流流过，电路处于并联谐振状态，振荡频率为：

$$f_0=\frac{1}{2\pi\sqrt{LC}}$$

实际上振荡电路总是有电阻的，必须不断地对并联电路补充能量，以补偿电阻上的消耗，才能使振荡维持下去。

2. 提高功率因数的意义　在实际生产中，大量使用的交流电动机、变压器等设备都属于电感性负载，功率因数也较低。如交流电动机在满载时功率因数方能达到 0.7～0.9，空载与轻载时功率因数更低。有功功率是根据生产需要选定的，当有功功率 $P=UI\cos\phi$ 确定后，在电压 U 不变时，供给同样的有功功率 P，若 $\cos\phi$ 高时，则电源供给负载的电流 I 小，反之 $\cos\phi$ 低，则 I 大。当 $\cos\phi$ 很低时，输出一定的有功功率而占用很大的电流，对电力系统是很不利的。不但使输电线上的损耗增加，而且使发电机和供电变压器不能充分利用。因为每台发电机都有一个额定容量，其值为 $S_P=U_额 I_额$。当发电机的电压和电流达到额定值时，如电路的功率因数为 0.5，则发电机输出的有功功率为 $P=0.5\ S_额$。若对电感性负载并接电容，使电路功率因数提高到 1，则在同样的发电机的额定电流时，发电机输出的有功功率便增大一倍，为 $P=S_额$，发电机的利用程度大大提高了。

综上所述，提高功率因数的重要意义为：

(1) 充分发挥电源设备的潜力；

(2) 提高输电效率。

第四节 三相交流电路

一、三相交流电动势的产生及其特点

图 2 - 39 是一个最简单三相交流发电机的原理示意图。转子是一个电磁铁，其磁场定置成正弦波形的。定子槽内安放了彼此相隔 120°独立的匝数和线圈规格完全相同的绕组 A—X、B—Y、C—Z。

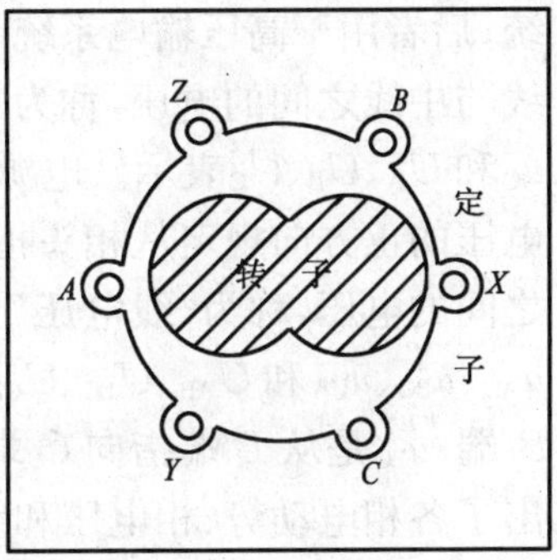

图 2 - 39 三相交流发电机的原理图

A、B、C 代表各相绕组的头（首端），X、Y、Z 代表各项绕组的尾（末端），当转子由原动机拖动旋转时，绕组就切割磁力线，在绕组中就产生三个独立的正弦电动势 e_A、e_B、e_C，称为对称三相电动势。它们具有下列特点：

（1）各电动势的波形都按正弦规律变化；

（2）它们的周期和最大值都相等；

（3）三个电动势的相位彼此相差 120°。

假定：e_A的初相角为零，则对称三相正弦电动势的三角函数表达式为：

$$e_A = E_m \sin\omega t$$
$$e_B = E_m \sin(\omega t - 120°)$$
$$e_C = E_m \sin(\omega t - 240°)$$

根据上面公式，可绘出对称三相电动势的波形图（图 2 - 40）和相量图（图 2 - 41）。

由三角函数表达式、波形图和相量图均可看出，任何瞬间，对称三相正弦电动势相加都等于零。即：

$$e_A + e_B + e_C = 0 \text{ 或 } \dot{E}_A + \dot{E}_B + \dot{E}_C = 0$$

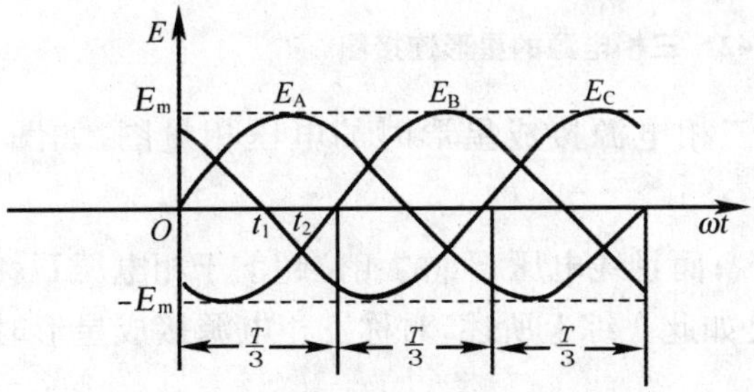

图 2 - 40 对称三相电动势的波形图

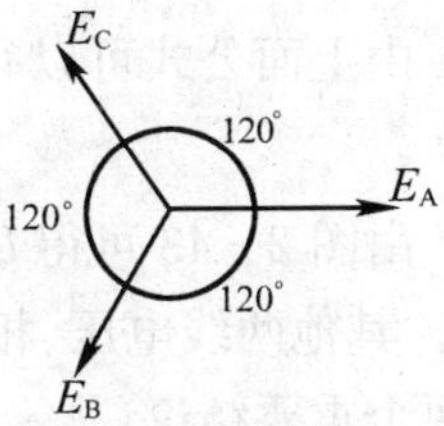

图 2 - 41 对称三相电动势的相量图

二、三相电源的连接

（一）星形连接

星形连接就是把三相绕组的相尾 X、Y、Z 连接在一起，从三个相头 A、B、C 引出连接负载的导线，如图 2-42 所示，三相绕组相尾的结点称为电源的中性点，简称中点，用 O 表示。从中点引出的导线称为中线（也称零线）。

从相头引出的导线称为端线（也称火线）。有中线的三相输电方式，称为“三相四线制”；不引出中线的三相输电方式，称为“三相三线制”。前者用于低压配电系统；后者用于高压输电系统。三相电源接成星形时，可以得到两种不同的电压。端线与中线之间的电压，称为“相电压”。各相电压的瞬时值和有效值分别用 u_A、u_B、u_C 和 U_A、U_B、U_C 表示。电源开路情况下，相电压的大小等于相电动势的大小，但相电压的正方向规定从相头指向相尾，即与相电动势的正方向相反。任意两个端线之间的电压，称为“线电压”或称“相间电压”。线电压的瞬时值和有效值分别用 u_{AB}、u_{BC}、u_{CA} 和 U_{AB}、U_{BC}、U_{CA} 表示。并规定线电压的正方向为：u_{AB} 是从 A 端指向 B 端；u_{BC} 是从 B 端指向 C 端；u_{CA} 是从 C 端指向 A 端。图 2-42 中各箭头分别标出了各相电动势、相电压和线电压的正方向。由于线电压和相电压都是同频率的正弦量，因而可以用相量来表示和计算，即：

$$U_{AB}=U_A-U_B$$

$$U_{BC}=U_B-U_C$$

$$U_{CA}=U_C-U_A$$

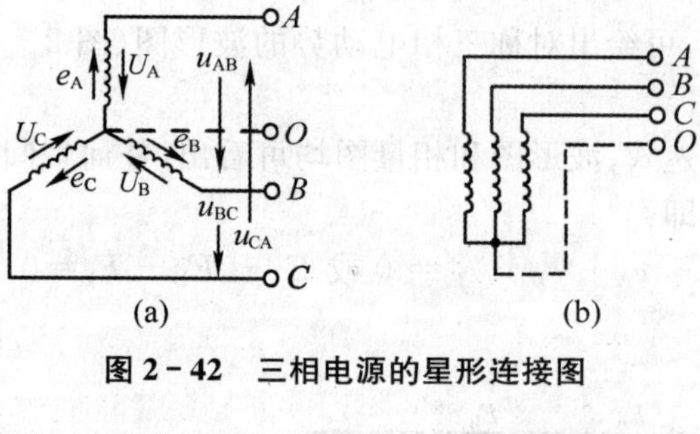

图 2-42　三相电源的星形连接图

由上面公式可以得到对称三相电源接成星形时的电压相量图，如图 2-43 所示。

由图 2-43 可得 $U_{AB}=\sqrt{3}U_A$；而且线电压 U_{AB} 的相位超前于相电压 U_A 的相位 30°。其他两线电压、相电压也是如此。综上所述，对称三相电源接成星形时，有下面两个重要结论：

(1) 线电压（U_λ）等于相电压（U_ψ）的 $\sqrt{3}$ 倍，即：

$$U_\lambda=\sqrt{3}U_\psi\approx1.73U_\psi$$

在三相四线制供电系统中，$U_\psi=220$ V 时，$U_\lambda=\sqrt{3}\times 220=380$ V。

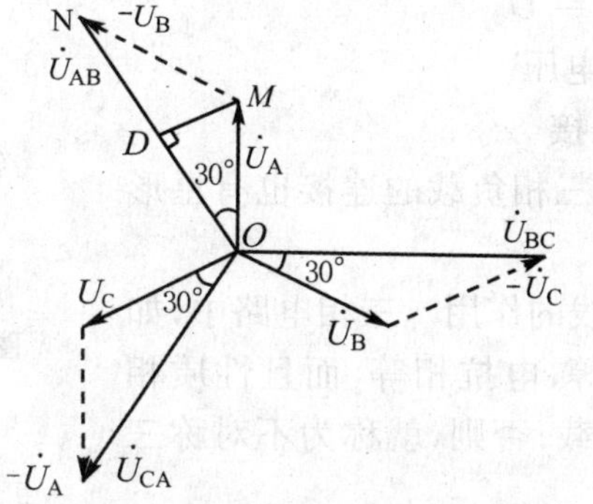

图 2-43　对称三相电源接成星形时的电压相量图

(2) 线电压比它相应的相电压超前 30°。三个相电压和三个线电压分别是对称的。

交流电路中所指的电压通常都是线电压，例如某电网电压是 220 kV，指的是输电线间的电压为 220 kV。

(二) 三角形连接

在三相绕组中，把一相绕组的相尾与相邻一相绕组的相头依次相接，形成一个闭合的三角形，再从三个相头 A、B、C 引出三根端线(如图 2-44 所示)，这种连接方法称为三角形连接。

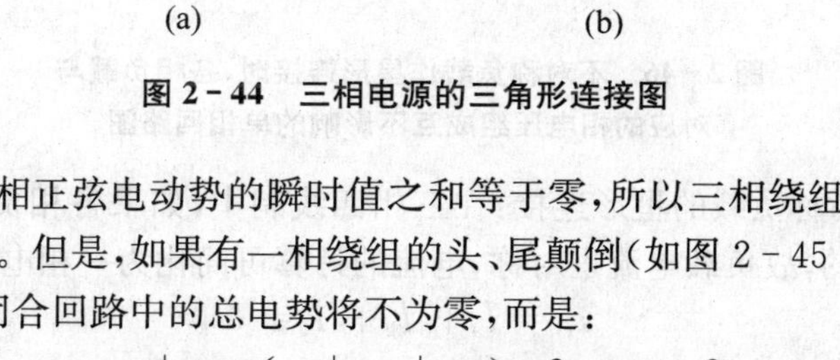

图 2-44　三相电源的三角形连接图

因为对称三相正弦电动势的瞬时值之和等于零，所以三相绕组接成闭合三角形是完全可以的。但是，如果有一相绕组的头、尾颠倒(如图 2-45 中 B 相绕组的头、尾颠倒)，则闭合回路中的总电势将不为零，而是：

$$e_A-e_B+e_C=(e_A+e_B+e_C)-2e_B=-2e_B$$

即回路的总电势为一相电势的 2 倍。由于绕组的阻抗很小，所以将在回路中引起很大的环流，可能烧坏绕组。因此，在三角形连接时，要特别注意相头和相尾的顺序，不能接错。三角形连接的三相电源：

$$U_\lambda = U_\psi$$

即：相电压等于线电压。

三、三相负载的连接

与三相电源一样，三相负载的连接也有星形和三角形两种形式。

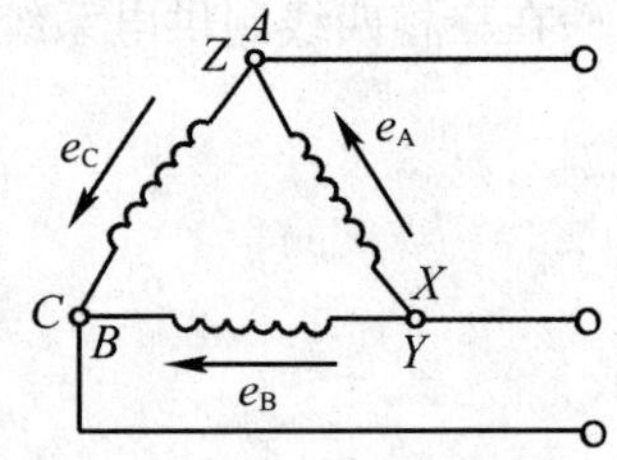

图 2－45　三角形的错误连接示意图

1. 星形连接和中线的作用　三相电路中，如果每相负载的电阻相等，电抗相等，而且性质相同，便称为对称三相负载；否则，就称为不对称三相负载。

(1) 不对称三相负载的星形连接：不对称三相负载作星形连接，如不计线路阻抗，则加在负载两端的电压等于电源的相电压。由于各相负载与它对应的相电压，通过中线组成互不影响的单相回路，如图 2－46 所示，因而可按单相电路计算。各相负载的电流：

$$I_a = U_a/Z_a \qquad I_b = U_b/Z_b \qquad I_c = U_c/Z_c$$

各相电压与相电流之间的相位差角：

$$\psi_a = \arctan X_a/R_a \qquad \psi_b = \arctan X_b/R_b \qquad \psi_c = \arctan X_c/R_c$$

中线电流：

$$\dot{I}_O = \dot{I}_a + \dot{I}_b + \dot{I}_c$$

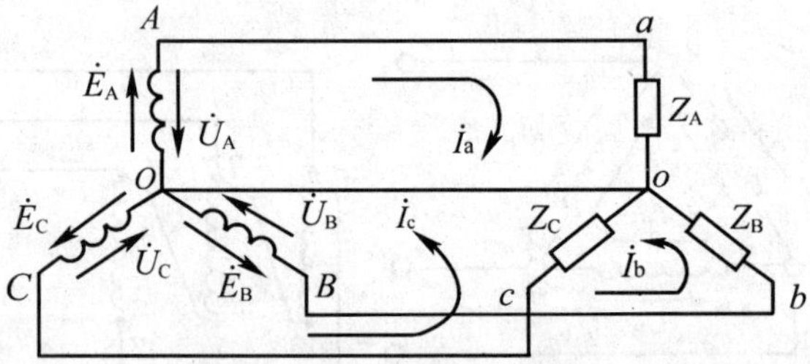

图 2－46　不对称负载作星形连接时，各相负载与对应的相电压组成互不影响的单相回路图

(2) 三相对称负载的星形连接：在三相四线制中，如果各相负载对称，由于电源是平衡对称的，故负载电流也对称，电流的计算可简化为一相电路的计算。

$$\dot{I}_O = \dot{I}_a + \dot{I}_b + \dot{I}_c = 0$$

图 2－47 为对称三相感性负载电流、电压相量图。

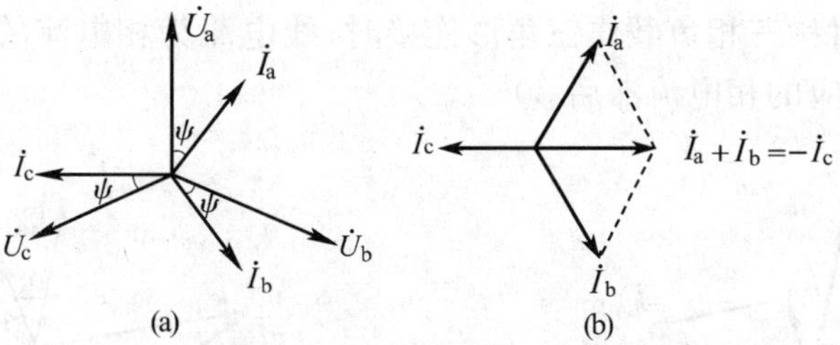

图 2-47　对称三相感性负载电流、电压的相量图

可见中线电流中，由于中线上没有电流通过，因而中线可以省去，成为星形连接的三相三线制。如图 2-47(b)所示。

2. 负载的三角形连接　负载的三角形接法是将一相负载的始端和另一相负载的末端依次相连，然后分别接在电源的三根端线之间，如图 2-48 所示。可见，负载的相电压就是电源的线电压。

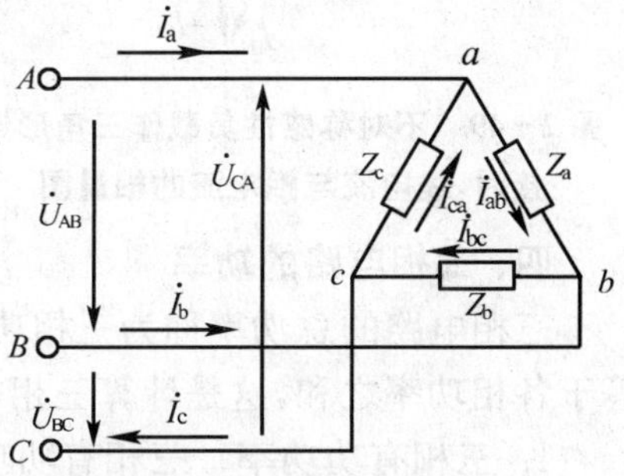

图 2-48　负载的三角形连接图

(1) 三相不对称负载的三角形连接：根据图 2-48，可求出各节点电流的方程式，即：

$$I_A = I_{AB} - I_{CA} \qquad I_B = I_{BC} - I_{AB} \qquad I_C = I_{CA} - I_{BC}$$

各相电流的有效值可按下式计算，即：

$$I_{AB} = U_{AB}/Z_A = U_\lambda/Z_A \qquad I_{BC} = U_{BC}/Z_B = U_\lambda/Z_B \qquad I_{CA} = U_{CA}/Z_C = U_\lambda/Z_C$$

各相电压(也即线电压)与相电流之间的相位差角

$$\psi_A = \arctan X_A/R_A \qquad \psi_B = \arctan X_B/R_B \qquad \psi_C = \arctan X_C/R_C$$

上式中 R_A、R_B、R_C 及 X_A、X_B、X_C 分别为各相负载的电阻和电抗。图 2-49 所示为不对称感性负载作三角形连接时，线电流与相电流的相量图。

(2) 三相对称负载的二角形连接：在负载对称的情况下，各相阻抗相等，性质相同。因各相电流也是对称的，即：

$$I_{AB} = I_{BC} = I_{CA} = I_\psi = U_\psi/Z = U_\lambda/Z$$

$$\psi_A = \psi_B = \psi_C = \psi = \arctan X/R$$

图 2-50 所示为对称感性负载作三角形连接时，线电流与相电流的相量图，从三角形 MOH 中可知：

$$I_A/2 = I_{AB} \times \cos 30° = I_{AB} \times \frac{\sqrt{3}}{2}$$

所以：

$$I_A = \sqrt{3} I_{AB} \qquad I_B = \sqrt{3} I_{BC} \qquad I_C - \sqrt{3} I_{CA}$$

由此可见，对称三相负载作三角形连接时，线电流为相电流的$\sqrt{3}$倍，线电流在相位上较它所对应的相电流滞后 30°。

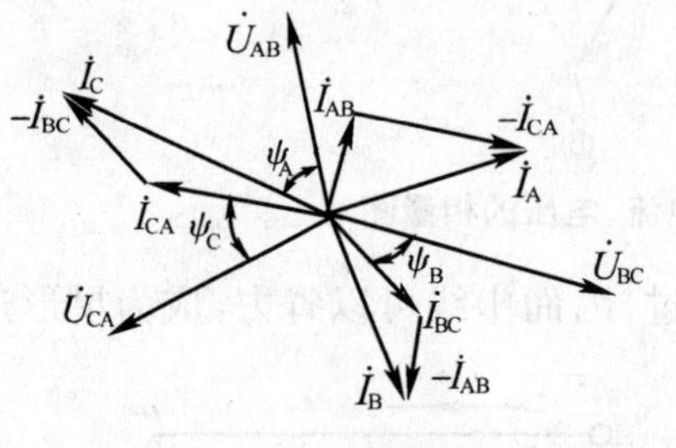

图 2－49　不对称感性负载作三角形连接时，线电流与相电流的相量图

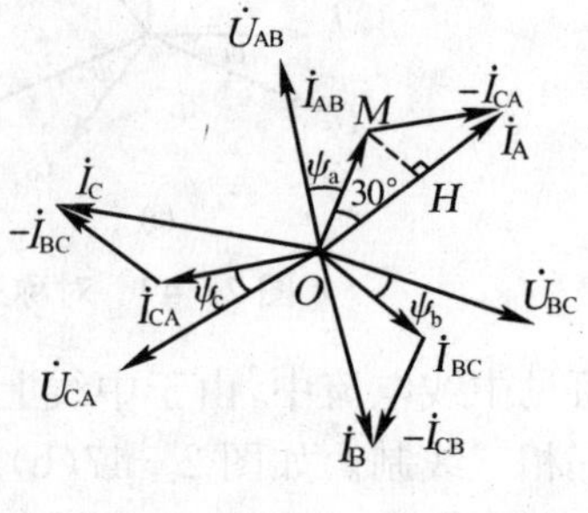

图 2－50　对称感性负载作三角形连接时，线电流与相电流的相量图

四、三相电路的功率

三相电路的总功率称为三相功率，不论负载作星形连接还是作三角形连接都等于各相功率之和，这是计算三相电路功率的总原则。

1. 三相有功功率　三相有功功率：

$$P = P_A + P_B + P_C = U_A I_A \cos\psi_A + U_B I_B \cos\psi_B + U_C I_C \cos\psi_C$$

在对称三相电路中，当负载接成星形时：

$$I_{\psi} = I_{\lambda}$$

$$U_{\psi} = U_{\lambda}/\sqrt{3}$$

负载接成三角形时：

$$I_{\psi} = I_{\lambda}/\sqrt{3} \qquad U_{\psi} = U_{\lambda}$$

因此，在对称的三相电路中，三相有功功率：

$$P = 3U_{\psi} I_{\psi} \cos\psi = \sqrt{3}\, U_{\lambda} I_{\lambda} \cos\psi$$

2. 三相无功功率和视在功率　在对称的三相电路中，三相无功功率：

$$Q = 3U_{\psi} I_{\psi} \sin\psi = \sqrt{3} U_{\lambda} I_{\lambda} \sin\psi$$

三相视在功率：

$$S = 3U_{\psi} I_{\psi} = \sqrt{3} U_{\lambda} I_{\lambda}$$

有功功率、无功功率与视在功率之间具有下列关系，即：

$$S = \sqrt{P^2 + Q^2}$$

必须注意，P、Q、S 计算公式只适用于对称三相电路。

思考题

1. 什么是直流电？什么是交流电？

2. 什么叫电路？一个完整的电路应包括哪几个方面？

3. 何谓电动势？电动势与电压有什么区别？电压和电动势的方向是怎样规定的？

4. 什么是串联？串联电路有何特点？什么是并联？并联电路有何特点？

5. 什么是部分电路的欧姆定律？写出三种形式的表达式及单位。

6. 什么是交流电的最大值、有效值、周期、频率和角频率？

7. 电流的方向是怎样规定的？电流的方向和电子流动的方向有什么不同？

8. 正弦交流电的三要素及三种表示方法是什么？

9. 什么是电磁感应？什么是楞次定律？

10. 什么是导体？什么是绝缘体和半导体？

11. 什么是自感、互感和涡流？

第三章　触电急救

触电是整个社会都要重视和预防的常见事故。本章主要介绍触电对人体的危害、触电伤害的种类与方式、电流对人体作用的因素、触电事故的一般规律，以及触电事故预防和触电急救技术等内容。

第一节　触电对人体的危害

触电时人体通过电流，电流会对人体产生一定的生物效应，影响人体的功能，如产生热效应，热量大时可使人体温度升高，损伤人体组织；产生化学反应可使人体蛋白质代谢、细胞通透性变高发生电解，明显影响人体功能和反应性，严重时可损伤人体组织，危及人体生命。电流会刺激人体组织和器官，人体会有麻痹、针刺、颤抖、痉挛、打击、疼痛等感觉，使相应部位的内组织和功能发生改变，机体代谢发生变化。有时触电产生电弧将会使人体手、脸的皮肤烧灼伤等，而且人体在电流作用下，人的防卫能力迅速降低。

如果触电时间长将造成人体主要器官严重失常，因心室纤维性颤动或窒息而造成死亡。前者主要是电流通过心脏，致使心室纤维性颤动，心脏的泵室作用失调，最后导致心脏停搏，血液循环中止；后者是电流通过大脑的呼吸中枢，会阻止呼吸，甚至窒息，或电流通过胸部时，会使胸肌收缩，导致呼吸道阻塞，呼吸循环停止。

第二节　人体的电气参数

通过人体的电流会遇到阻力，这个阻力就是人体阻抗。人体阻抗主要由体内电阻、皮肤电阻和体内电容、皮肤电容组成。

人体体内电阻是由人体内部组织、血液、骨骼等组成。由于人体内部组织、血液等含水量高，所以人体内部组织导电性能良好，其体内电阻值约为 500 Ω。

人体皮肤电阻由表皮、真皮和皮下层组成。最外层表皮又由角质层、粒层和生长层组成，角质层一般有 0.05～0.2 mm 厚，其电气绝缘强度在干燥时很高，电阻率约为 0.15～10 MΩ · cm，电阻高达 10 000～100 000 Ω。当角质层渗入水分或不完整时电阻值将会下降。真皮层和真皮下层有汗腺、汗管、毛囊、血管和神经等，其电阻率较低、电阻值较小。皮肤电阻主要由皮肤表面的角质层所决定。

皮肤电阻随着不同的条件和情况在很大的范围内变化。

在不同的接触电压和人体皮肤状况条件下的人体电阻可见表 3－1，干燥的条件下人体电阻也可按 1 000～2 000 Ω 考虑。

表 3－1　不同条件下的人体电阻(Ω)

接触电压(V)	人体电阻			
	皮肤干燥①	皮肤潮湿②	皮肤湿润③	皮肤浸入水中④
10	7 000	3 500	1 200	600
25	5 000	2 500	1 000	500
50	4 000	2 000	875	440
100	3 000	1 500	770	375
250	1 500	1 000	650	325

注：① 干燥场所的皮肤，电流途径为单手至双足。

② 潮湿场所的皮肤，电流途径为单手至双足。

③ 有水蒸气等特别潮湿场所的皮肤，电流途径为双手至双足。

④ 游泳池或浴池中的情况，基本上为体内电阻。

影响人体电阻的因素很多，除角质层和皮肤生成的厚薄不同外，人体电阻值还受下列情况的影响而变化：

(1) 皮肤清洁时电阻值较大，有污垢、带有导电性粉尘时电阻值较小。

(2) 皮肤干燥时电阻值较大，潮湿、有汗水时电阻值较小。

(3) 表皮皮肤完整时电阻值较大，有损伤、破坏时电阻值较小。

(4) 电极与皮肤的接触面积大和接触紧密时电阻值小，反之电阻值大。

(5) 通过人体的电流大，时间长，皮肤发热出汗时电阻值下降。

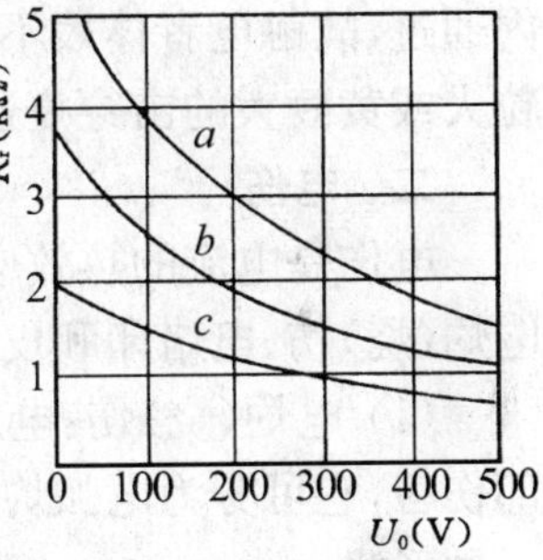

图 3－1　人体电阻和接触电压的关系

(6) 接触的电压高时会电解和击穿皮肤，人体电阻值会大大下降。通常 10～30 V的接触电压就能击穿皮肤。

人体电阻和接触电压的关系如图 3－1 所示。图中 a 是人体电阻的上限，b 是人体电阻的平均值，c 是人体电阻的下限；a 和 b 之间相应于干燥的皮肤，b 和 c 之间相应于潮湿的皮肤。

第三节　触电伤害的种类

电流对人体组织的作用是复杂的，按触电造成的后果不同，触电伤害大致可分为电击和电伤两种。

一、电击

电击是电流对人体内部器官的一种伤害,属内伤。电击时人体和带电体直接接触,由于电流通过人的机体,肌肉有抽筋现象,肢体会痉挛,使人摔向一侧。这时,电流作用已使管理心脏和呼吸功能的神经中枢受到复杂的伤害,如果尚未脱离电源,心脏和呼吸器官的正常工作机能会继续遭到破坏,易造成死亡;如果人体能迅速脱离电源,可能不致引起严重的后果,对在某些情况下已出现假死等现象的伤员,可以及时、正确地施行现场心肺复苏急救。实践证明多数人是可以挽回生命的。触电死亡事故大多是电击所造成的,因此电击是最危险的触电伤害。

按照发生电击时电气设备的状态,电击可分为直接接触电击和间接接触电击。

(1) 直接接触电击:是指触及或过分接近带电运行中的设备和线路带电体发生的电击(电工作业时走错到带电的间隔或电柜等)。

(2) 间接接触电击:是指触及正常状态下不带电,而设备或线路故障时意外带电而发生的电击(如触及漏电设备的外壳等)。

根据现场经验电击伤害最易发生在 35 kV 及以下的高压电气设备和低压电气设备上,加在人体的电压不太高;在轻度电击时,由于电流大部或全部从人体体内通过,故触电者体表不易找到明显的伤害,只有在与大地接触的人体部位留下米粒大或黄豆大的击穿痕迹。但电流流经人体的时间较长时,电击伤害程度加重。

二、电伤

电伤是电流的热效应、化学效应或机械效应对人体表面造成的局部伤害,包括电灼(烧)伤、电烙印和皮肤金属化等。

(1) 电灼(烧)伤:电灼(烧)伤是电流热效应和机械效应对人体外部造成的局部伤害,它可分为电弧灼伤和非电弧灼伤。电灼(烧)伤是触电事故中出现较多的一种形式。

电弧灼伤有两种,一种是电流经过人体的电弧灼伤,称直接电弧灼伤。当人体某部位接近高压设备一定距离的瞬间,带电体对人体弧光放电,此时有较大的电流经过人体。由于人的本能作用和电弧放电时间较短,且伴有高频振荡,通常情况不致引起电击。但严重的电弧灼伤也能伴随电击,致人伤残或致命。另一种是电流不经过人体的电弧伤害,称间接电弧灼(烧)伤,由于放电时电弧温度高达 3 000℃以上,常会造成比较严重的乃至大面积电弧烧伤。如电路中带负荷拉隔离开关时就会引起这类事故。

非电弧灼伤是由于电弧的辐射热作用所造成的对人眼睛的伤害,或衣物等燃烧引起的烧伤,或因电流熔化局部导电体所产生的熔化金属粉末飞溅引起的灼伤。

必须警惕,化纤等非棉织品着装在电弧高温辐射热作用下,极易造成人体表面皮肤被烧伤的大伤害。

（2）电烙印：电烙印是人体触电后，由于电流的化学效应或机械效应在皮肤上形成的灼伤痕迹。伤痕一般呈圆形或椭圆形，有白色或灰色的边缘，一般不会使人感到疼痛。严重时会造成触电部位局部肌肉僵死，而不得不进行截除手术。

（3）皮肤金属化：皮肤金属化是由于电流的机械性或化学作用，将熔化产生的炽热金属微粒渗入皮肤层所引起。大多数情况皮肤金属化是局部性的，通常不会造成其他严重后果。它是电伤中较轻的一种伤害。

人体触及带电体的情况是多种多样的，有时电击和电伤两种触电伤害会同时发生。此外，电伤可能会造成伤员丧失知觉，失去平衡，致使其由高处坠落伤亡。

第四节　电流对人体作用的因素

通过试验研究和对触电事故的分析可知，当电流流经人体内部组织时，影响触电伤害的程度与通过人体的电流大小、持续时间、电流途径、电流的频率和种类以及人体状况和电压高低等多种因素有关，而且各因素之间有着密切关系。

一、电流大小

通过人体的电流越大，人体的生理反应越明显，人的感觉越强烈，引起心室颤动或窒息所需的时间越短，致命的危险性就越大。

根据通过人体电流大小的不同，可将电流划分为三级。

（1）感知电流：是指人体开始通电有感觉的最小电流。实验资料表明，人体的感知电流随着对每个人的通电感觉之异而有差异；随着人体电流流入部位的不同而有所不同。50～60 Hz 交流电时，成年男性平均感知电流约为 1.1 mA，成年女性约为 0.7 mA。直流电时，男性感知电流约为 5.2 mA，女性约为 3.5 mA。

（2）摆脱电流：是指人触电后能自主摆脱触电电源（带电体）的最大电流。摆脱电流是一个重要的安全指标，在其值内触电者具有自主行为的摆脱能力，自行脱离触电电源。实验资料表明，对于不同的人，摆脱电流也不相同。50～60Hz 交流电时成年男性平均摆脱电流约为 16 mA，成年女性约为 10.5 mA。直流电时男性平均摆脱电流约为 76 mA，女性约为 51 mA。按 0.5% 的危险度概率考虑，50～60 Hz 交流电时成年男性最小摆脱电流约为 9 mA，成年女性约为 6 mA，实验资料见表 3-2 所示。

表 3-3 是工频电流经手—躯干—手的途径，对成年男性的实验结果，其感知电流与摆脱电流值与表 3-2 相接近。这里仍要指出安全是相对的，因为它是以行为和本能来判断安全的，被试验（保护）对象限于具有摆脱能力的触电者。1984 年国际电工委员会在 IEC479—1 中规定采用与持续时间无关的、常用的 15～100 Hz 的交流电感知电流为 0.5 mA，直流感知电流为 2 mA，交流摆脱电流值为 10 mA，我国国标中也将交流摆脱电流值定为 10 mA；矿井等类的作业规定为 6 mA。

表 3-2　感知电流、摆脱电流(mA)

	平均感知电流		平均摆脱电流		最小摆脱电流
	工频交流	直　流	工频交流	直　流	工频交流（按 0.5%危险度概率）
男	1.1	5.2	16(15)	76	9
女	0.7	3.5	10.5	51	6
儿童	—	—	—	—	4.5

表 3-3　工频电流对人体作用的实验资料(mA)

感觉情况	被试者百分数		
	5%	50%	95%
手表面有感觉	0.7	1.2	1.7
手表面有麻痹似的连续针刺感	1.0	2.0	3.0
手关节有连续针刺感	1.5	2.5	3.5
手有轻度颤动,关节有受压迫感	2.0	3.2	4.4
前肢部有强力压迫的轻度痉挛	2.5	4.0	5.5
上肢部有轻度痉挛	3.2	5.2	7.2
手硬直、有痉挛,但能伸开,已感觉有轻度疼痛	4.2	6.2	8.2
上肢部、手有剧烈痉挛,失去感觉,手的前表面有连续针刺感	4.3	6.6	8.9
手的肌肉直到肩部全部痉挛,但还可能摆脱带电体	7.0	11.0	15.0

(3) 致命电流:是指在较短时间内危及生命的最小电流。当人体发生触电,电流流过心脏,使心脏不仅不能正常搏动,还将引起心室纤维颤动,血液循环中止而死亡,这个使心室颤动的电流称为致命电流。心室颤动电流的大小与电流流过人体的途径、心室通电时间有关。

二、触电时间

电流对人体所造成的生理效应与触电时间长短有密切的关系。触电时间越长,流过心脏的电流越大,越容易引起心室颤动,伤害的危险性也就越大。其原因是:

(1) 触电时间越长,能量积累增加,心室颤动电流减小。当触电时间在 0.01～5 s范围内时,心室颤动电流和触电时间的关系为:

$$I=\frac{116}{\sqrt{t}}$$

式中,I——相应于体重 50 kg 的人的心室颤动电流(mA);t——触电时间(s)。

心室颤动电流与时间的关系为:当 $t \geqslant 1$ s 时,$I=50$ mA;当 $t<1$ s 时,$I=50 / t$ mA。

(2) 触电持续时间的长短与通过人体电流的大小对人体所产生的生理效应是不同的。图 3-2 给出了当 15～100 Hz 交流电流流过人体四肢(手到手或手到脚)时,4 种电流—时间区间对人体所产生的不同生理效应(IEC479—1)。

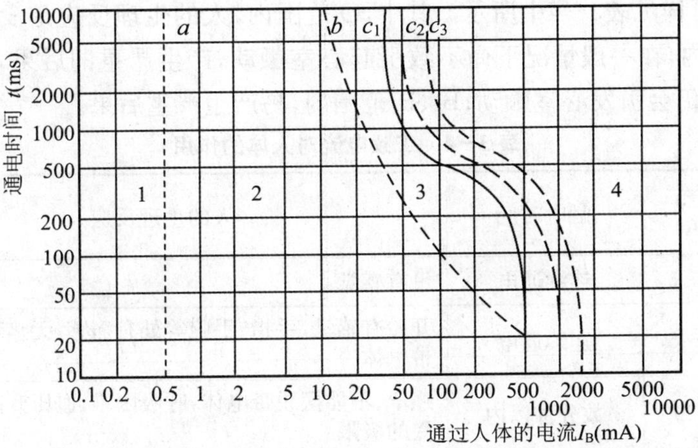

图 3-2 15～100 Hz 交流电对人体效应的时间—电流区间

① 图 3-2 中的电流为从左手流经双脚时产生的人体生理效应。

② 图 3-2 中,(500 mA,100 ms)这一点与大约 0.14%的室颤可能发生率相对应。在第 1 区间,通常无生理效应上的反应,与人体通过电流的时间无关;在第 2 区间,通常无有害的生理效应反应;在第 3 区间,通常被认为不会有器质性的损伤,但随着强度和持续时间的增加,很可能发生肌肉收缩、呼吸短促且困难、心脏组织和搏动传导的可逆性失调,甚至出现心室颤动和短暂心脏停搏;在第 4 区间,除了有第 3 区间的效应外,曲线 c_2 出现室颤的概率可达 5%,曲线 c_3 概率增至 50%,曲线 c_3 以上时概率会高于 50%。随着电流强度和持续时间的增加,可能发生心脏停搏、呼吸停止和严重灼伤。

(3) 通电时间与心室颤动电流有关,其关系如图 3-3 所示。当通电时间超过心脏搏动周期时,心室颤动电流仅数十毫安(一般认为是 50 mA 以上);当通电时间不足心脏搏动周期,但超过 10 ms,并发生在心脏搏动的特定时刻时,心室颤动电流在数百毫安以上。

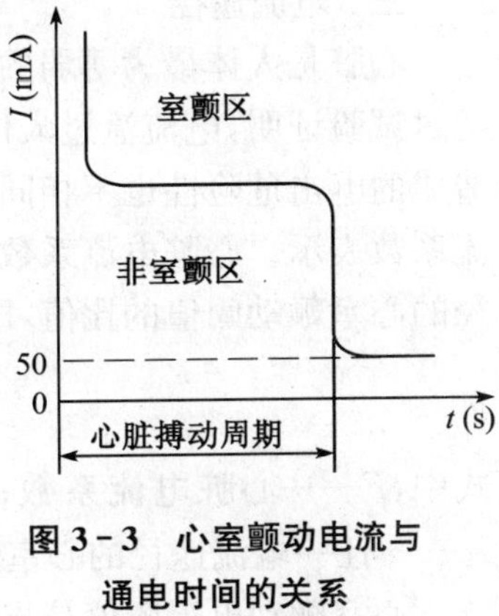

图 3-3 心室颤动电流与通电时间的关系

心脏每一搏动周期中,只有心脏收缩与舒张之间大约 0.1～0.2 s 的易激期对电流最敏感。触电时间一长,重合这段危险时间的可能性越大,危险性就越大。

(4) 触电时间越长，人体电阻因出汗等原因降低，导致流过人体电流进一步增大，触电危险性也增加。

根据试验和综合分析资料得出的工频电流大小与触电持续时间长短对人体的生理反应，可详见表3－4中所示。其中，O范围内，人的生理反应是没有感觉；A_1、A_2、A_3范围内，在一般情况下尚不致引起心室颤动，产生严重的后果，但持续通电时间过长时仍会引发心室颤动；B_1、B_2范围内，易产生严重后果。

表3－4　工频电流对人体的作用

电流范围	电流(mA)	触电时间	人的生理反应
O	0～0.5	连续通电	没有感觉
A_1	0.5～5	连续通电	开始有感觉，手指、手腕等处有痛感，无痉挛，可以摆脱带电体
A_2	5～30	数分钟以内	痉挛、不能摆脱带电体，呼吸困难，血压升高，是可以忍受的极限
A_3	30～50	数秒到数分钟	心脏跳动不规则，昏迷，血压升高，强烈痉挛，时间过长即引起心室颤动
B_1	50至数百毫安	低于心脏搏动周期	受强烈冲击，但未发生心室颤动
		超过心脏搏动周期	昏迷，心室颤动接触部位留有电流通过的痕迹
B_2	超过数百毫安	低于心脏搏动周期	在心脏搏动周期特定的相位触电时，发生心室颤动、昏迷，接触部位留有电流通过的痕迹
		超过心脏搏动周期	心脏停止跳动、昏迷，产生可能致命的电灼伤

三、电流途径

心脏是人体最为薄弱的器官，流经心脏的电流是促使心室纤维性颤动的祸魁。通过试验证明，电流流过人体的途径不同时，流过心室颤动电流大小也不同，由此造成的电击危险性也不相同。人体不同电流途径对心脏电流的影响，可用心脏电流系数表示。心脏电流系数就是从左手到双脚的心室颤动电流阈值与任一电流途径的心室颤动阈值的比值，即

$$F=\frac{I_{ref}}{I_h}$$

式中，F——心脏电流系数；I_{ref}——经左手到双脚的心室颤动电流阈值(mA)；I_h——任一电流途径的心室颤动电流阈值(mA)。

心室颤动电流阈值是指引起心室性纤维颤动的最低电流值。在人体触电时，

不同电流途径下的心脏电流系数见表3-5。

从表3-5中可看出，胸至左手是最危险的电流途径，其次是胸至右手。对四肢来说左手至左脚、右脚或双脚和双手至双脚也是最危险的电流途径，其次是右手至左脚、右脚或双脚。左手至右手的心脏电流系数较小，即心脏分流的电流较小，脚至脚的电流途径偏离心脏较远，从心脏流过的电流更小，但不能忽视因痉挛而摔倒，导致电流通过人体主要部位造成的伤害。

表3-5 不同电流途径下的心脏电流系数 F

电流途径	心脏电流系数 F
左手至左脚、右脚或双脚；双手至双脚	1.0
左手至右手	0.4
右手至左脚、右脚或双脚	0.8
背至右手	0.3
背至左手	0.7
胸部至右手	1.3
胸部至左手	1.5
臀部至左手、右手或双手	0.7

人体在电流的作用下，没有绝对安全的途径。电流通过心脏会引起心室颤动乃至心脏停止跳动而导致死亡；电流通过中枢神经及有关部位，会引起中枢神经强烈失调而导致死亡；电流通过头部，严重损伤大脑，亦可能使人昏迷不醒而死亡；电流通过脊髓会使人截瘫；电流通过人的局部肢体亦可能引起中枢神经强烈反射而导致严重后果。

正常人的心脏跳动是有节律周期地进行舒张和收缩，当人体触电时，电流流过心电相位的心缩期和心舒期所产生的室颤电流阈值和危险性也有所不同。实验证明，电击心缩期的室颤电流阈值要比电击心舒期的室颤电流阈值小，也就是说电击心缩期的危险性要比电击心舒期的危险性大。当电流作用时间超过人的心脏搏动周期时，由于电流与心电相位的心缩期重合，极易产生心室颤动，因此心电相位在指定时间条件下对心室颤动电流阈值起着主要作用。

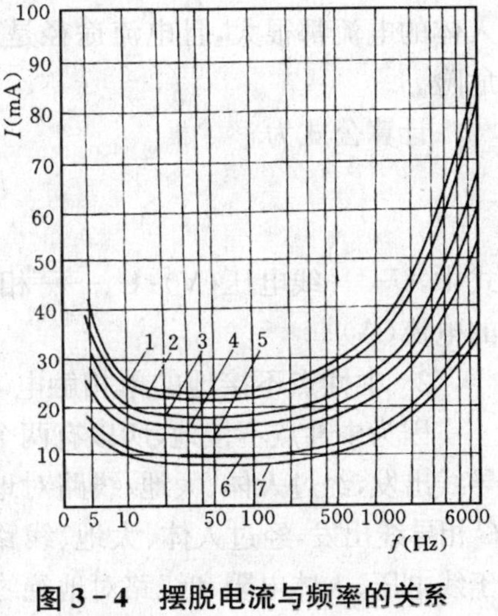

图3-4 摆脱电流与频率的关系

四、电流种类

直流电流、高频电流、冲击电流对人体都有伤害作用，其伤害程度一般较工频电流为轻。

电流频率不同，对人体的伤害程度也不同。25～300 Hz 的交流电流对人体伤害最严重。1 000 Hz 以上，伤害程度明显减轻，但高频高压电也有电击致命的危险。男性摆脱电流与频率的关系如图 3－4 所示。

五、人体状况

试验和分析表明电击危险性与人的性别、人体状况有关。从表 3－2 中可以看出，女性对于电流较男性敏感，女性的感知电流和摆脱电流均为男性的三分之二。由于感知电流、摆脱电流和心室颤动电流一般与体重成正比，体重越轻越敏感，所以儿童对电流的感觉较成人敏感，儿童遭受电击较成人危险。人的健康状况、精神状态不同，对感知电流、摆脱电流和致命电流的敏感程度也不同，触电伤害程度也不一样。如有心脏病、呼吸道和神经系统疾病的人以及酗酒、疲劳过度的人，遭受电击时的危险性比正常人严重。

第五节　触电方式

根据电流通过人体的路径和触及带电体的方式，一般可分为单相触电、两相触电、跨步电压与接触电压触电、感应高电压触电、雷击触电、静电触电和直流电触电。

一、单相触电

变、配电所有中性点不接地和中性点直接接地两种运行情况。

1. 中性点直接接地的单相触电　触电的情况如图 3－5 所示。

当人体接触到带电导线时，人体承受相电压。电流经过人体、大地和中性点接地装置，形成闭合回路，电流的数值决定于电气设备相电压和人体电阻。这时流过人体的电流都很大，且电流途径是从手到脚，流经心脏的电流也很大，对人有致命危险。

计算公式为

$$I=\frac{U_\phi}{R}=\frac{U}{\sqrt{3}R}$$

式中，U——线电压(V)；U_ϕ——相电压(V)；R——人体电阻(Ω)；I——通过人体的电流(A)。

2. 中性点不接地的单相触电　触电的情况如图 3－6 所示。

因为中性点不接地，所以有两个回路的电流通过人体。一个回路的电流从 C 相导线出发，经过人体、大地、线路对地绝缘阻抗 Z 到 A 相导线；另一个回路的电流从 C 相导线出发，经过人体、大地、线路对地绝缘阻抗 Z 到 B 相导线，电流的数值取决于线电压、人体电阻和线路对地绝缘阻抗。两个回路所承受的电压都是线电压。

图 3－5　中性点直接接地的单相触电

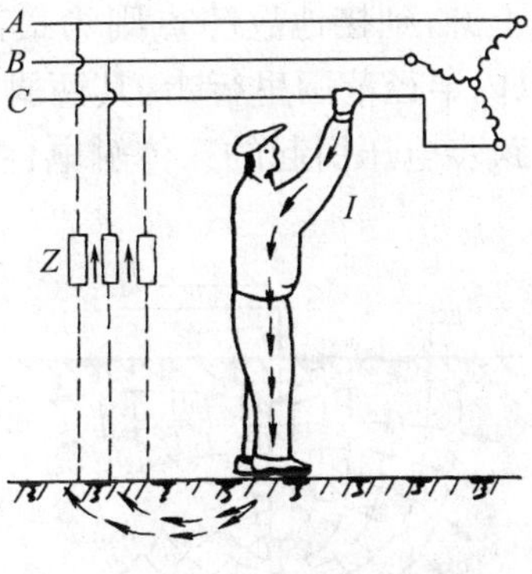

图 3－6　中性点不接地的单相触电

计算公式为：

$$I=\frac{U}{\sqrt{3}R+\frac{Z}{\sqrt{3}}}=\frac{U_{\phi}}{R+\frac{Z}{3}}$$

式中，U——线电压(V)；U_{ϕ}——相电压(V)；R——人体电阻(Ω)；Z——线路对地绝缘阻抗(Ω)；I——通过人体的电流(A)。

如果线路的绝缘水平比较高，绝缘阻抗非常大，这时流过人体的电流几乎是线路的电容电流，若线不长，通过人体的电流就小；如果线路的电容电流或泄漏电流较大，且电流途径是从手到脚，则流经心脏的电流就大，对人就有致命危险。

二、两相触电

人体同时与两相导线接触时，电流就由一相导线通过人体流到另一相导线，如图 3－7 所示。

图 3－7　两相触电

这种触电方式最危险，因为施加于人体的电压为全部工作电压，即线电压。这种情况下不论中性点接地或不接地，人体与大地是否绝缘，流过人体的电流都很大，在这种情况下，电流不经过大地而直接通过人体从 B 相经双手流向 C 相，流进心脏的电流也很大，对人有致命危险。

三、跨步电压触电、接触电压触电

1. 跨步电压触电　在中性点不接地电网中，当电气设备发生单相接地故障时，接地电流 I_d 通过接地点向大地作半球形流散，如图 3－8 所示，即在地面上形成平面图的电位分布。图 3－9 所示是地面平面图电位分布曲线半幅，示意了随接地故障点远近在地面形成的地电位大小。经验证明，在距接地点 20 m 以外的周围地电位近于零，而越靠近接地故障点，地电位的分布呈曲线上升，到接地故障点则为最高，是接地相的相电位。若人在离接地故障点 20 m 以内半径范围里行走，其两脚之间就有电位差，两脚之间的电位差即称跨步电压。跨步电压引起的人体触电称为跨步电压触电。人的正常步距一般按 0.8 m

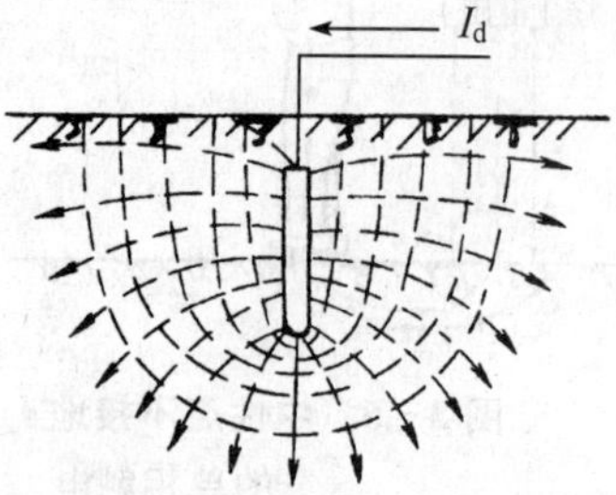

图 3－8　接地电流流散图

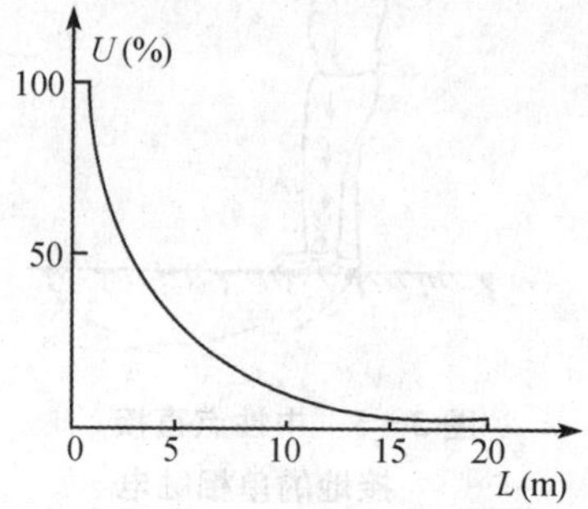

图 3－9　地面电位半径分布图

考虑。如果人不行走，呈并步姿态，则跨步电压为零，人体就无跨步电压触电的危险。从图 3－9 中可以看到，在故障电线落地点 0～8 m 以内不但地面的电位高，而且地面上两点之间的电位差也大；在 0～8 m 以外，不但地面电位低，而且地面上两点之间的电位差也小。由此可知如果人站在距离接地故障电线落地点 0～8 m 范围以内跨步电压高。此时，通过人的两脚电流大，危险就大。因此，电力安全规程上规定，当高压设备发生单相接地时，在无安全防护措施的情况下，室外人员不得接近故障点 8 m 以内。

2. 接触电压触电　当电气设备发生接地故障时，不但会产生跨步电压触电，还会产生接触电压触电。如图 3－10 所示，当一台电动机的绕组碰壳接地时，因为三台电动机的接地网是连在一起的，所以三台电动机的外壳都会带电，而且电位相同，都是相电压，但地面电位分布不同，靠电流入地点近的人体承受的电位差很小。而人站在离接地点较远的地方用手摸电动机外壳高电位，地面电位几乎为零，所以人体承受的电压就是外壳的对地电压，这时人体会遭到触电伤害，这种触电称接触电压触电。接触电压触电时其电流流至手和脚，有致命危险。

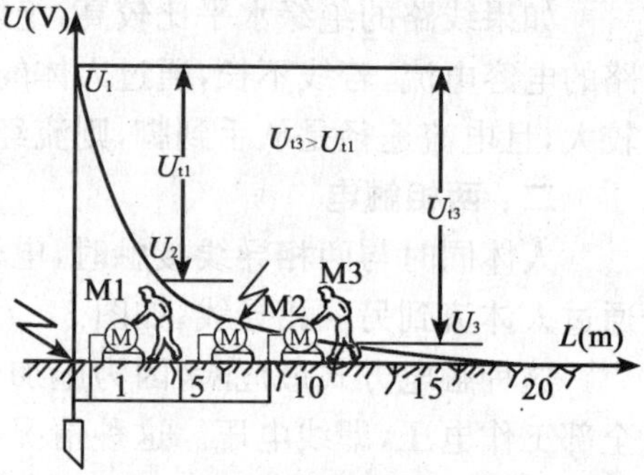

图 3－10　接触电压触电

四、感应高电压触电

高电压的输变电设备的周围存在着强大的电场和磁场。人和物体处在此种环境下会因感应作用而带有感应电压，感应电流通过人体入地，致使人员受到触电伤害。如某供电局一名油漆工，在 500 kV 铁塔上进行油漆防腐处理时，不慎触及架空地线（500 kV 架空地线不是直接接地而是经间隙接地的），被感应触电身亡。高电压感应电磁场随着原发体的距离逐渐加大而逐渐减弱，所以在安全规程中规定了各种高电压下的安全距离，进入高电压设备要遵守各种规定。国际大电网会议就 50 Hz 工频高电压的电磁感应场强对生物的影响，提出了应不宜超过 10 kV/m。对居民生活场所不宜超过 5 kV/m。

第六节　触电事故的规律和触电现场急救

触电事故往往发生得很突然，而且在极短的时间内造成极严重后果。因此，应当研究触电事故的规律，坚持预防为主的理念，制定预防触电的安全措施。

一、触电事故的规律

1. 触电事故季节性明显　统计数据表明，每年二、三季度是触电事故的多发季节。特别是 6～9 月事故较多，主要是这段时间天气炎热，人体衣单而多汗，触电危险性较大；而这时多雨、潮湿，电气设备绝缘性能降低，也会导致触电事故增多。

2. 低压设备触电事故多　低压触电事故远多于高压触电事故。主要是在一般工矿企业中，低压电气设备远多于高压电气设备，低压电气设备的故障排除和检修比高压电气设备多。况且，当人体接触低压电时，反应的敏感度较差，而且有些人又比较缺乏电气安全知识，因此要着重做好防低电压触电的各项安全措施。应当指出，在专业电工中情况是相反的，即高压触电事故比低压触电事故多。

3. 携带式和移动式电气设备触电事故多　主要是由于这些设备需要经常移动，工作条件较差，容易发生绝缘不良、外壳漏电故障，而且经常在人手紧握情况下工作的缘故。

4. 电气连接部位触电事故多　电气故障点多数发生在接线端、压线头、焊接头、电缆接头、灯头、插头、插座、控制器、接触器、熔断器等处，主要是这些连接部位机械牢固性较差，电气可靠性也较低，容易出现故障。检修这些部件时，如不停电进行，易发生触电事故。

5. 非专业电工和外用工触电事故多　有些企业使用农民工、非专业电工做电气作业，他们常缺乏电气安全知识，素质不高，操作和作业水平低，责任心不强，蛮干、违章作业，加之未及时进行安全教育和技术培训，是易发多发触电事故的主要原因。

6. 民营的工矿企业触电事故多　随着民营和个体企业的发展，一些高危行业的安全管理比较薄弱，安全基础设施落后，尤其在冶金、矿业、化工、机械和建筑等行业的民营企业中，由于对高温、潮湿、粉尘多的场所进行电工作业，使用移动式和携带式电气设备、使用临时电源线等，缺乏安全规章和安全措施，作业现场较混乱，造成触电事故多。

7. 错误操作和违章作业造成的触电事故多　大量触电事故的统计资料表明，有85%以上的事故是由于错误操作和违章作业造成的。其主要原因是由于安全教育不够、安全制度不严和安全措施不完善、操作者素质不高等。

二、触电现场急救

电气作业人员都要学会紧急救护法，特别要学会触电急救。很多触电事故实例证明，触电事故一旦发生，首先要使触电者迅速脱离电源，并立即在现场就地抢救。如发现触电伤员呼吸、心跳停止时，不失时机地进行现场心肺复苏，支持呼吸和循环，对心、脑重要脏器供氧，可使生理上的临床死亡发生逆转，挽救触电伤员的生命。

1. 迅速脱离电源

人触电以后，可能由于痉挛或失去知觉等原因而手紧抓带电体，不能自行摆脱电源。这时，使触电者尽快脱离电源是抢救触电者的首要事项。“时间就是生命”，早断电一秒钟，触电者就多一分救活的希望。

所谓脱离电源就是要把触电者接触的那一部分带电设备的所有开关、刀闸或其他断路设备断开；或设法将触电者与带电设备脱离开。在脱离电源过程中，救护人员既要救人，也要注意保护自身的安全。

(1) 低压触电事故　低压触电事故可采用下列方法使触电者脱离电源：

① 如果触电地点附近有电源开关或电源插销，可立即拉开开关或拔出插销，断开电源。但应注意到拉线开关或平开关只控制一根线，有可能因安装问题只能切断零线而没有断开电源的火线。

② 如果触电地点附近没有电源开关或电源插销，可用有绝缘柄的电工钳或有干燥木柄的斧头切断电线，断开电源，或用干木板等绝缘物插入触电者身下，以使其脱离电源。

③ 当电线搭落在触电者身上或压在身下时，可用干燥的衣服、手套、绳索、木板、木棒等绝缘物作为工具，拉开触电者或挑开电线，使触电者脱离电源。

④ 如果触电者的衣服是干燥的，又没有紧缠在身上，可以用一只手抓住他的衣服，拉离电源。但因触电者的身体是带电的，其鞋的绝缘也可能遭到破坏，救护人不得接触触电者的皮肤，也不能抓他的鞋。

⑤ 若触电发生在低压带电的架空线路上或配电台架、进户线上，对可立即切断电源的则应迅速断开电源，救护者应迅速登杆或登至可靠地方，并做好自身防触电、防坠落安全措施，用带有绝缘胶柄的钢丝钳、绝缘物体或用干燥不导电物体等

工具,将触电者脱离电源。

(2) 高压触电事故 可采取下列方法使触电者脱离电源:

① 如果触电部位在进线侧,立即通知供电部门或有关单位停电。

② 如果触电部位发生在本单位,立即按操作顺序拉开电源开关、隔离器闸或高压熔断器(带上绝缘防护用具,用相应电压等级的绝缘工具)。

③ 如果触电事故发生在线路上,线路是金属导线,可用抛掷裸金属线使线路短路接地,通过使用保护装置动作,断开电源。用此方法救护触电者时,应注意防止电弧伤人或发生断线危及自身和他人的安全。

在高压线路等设备上使触电者脱离电源时,救护人应考虑触电者可能坠落的防护措施。

2. 心肺复苏的内容

心肺复苏急救技术包括两个阶段,即现场的心肺复苏和医院的心肺复苏。

(1) 现场的心肺复苏(初期救生) 现场的心肺复苏是现场急救中最早的救生措施,一般往往由非专业的救护操作者(第一目击者)徒手进行,徒手操作是实用的有效方法,同时也是最关键、最主要的阶段。其内容有:

① 迅速判断病情,尽快采取措施防止伤员病情恶化,并立即呼叫"120"专业急救机构。

② 判断伤员意识是否正常和呼吸道是否畅通。

③ 判断伤员呼吸。当伤员确实不存在呼吸时,应立即进行口对口(鼻)的人工呼吸。

④ 判断伤员脉搏。确信伤员已没有脉搏,心跳已停止(已查明无呼吸及意识)时,即应进行胸外心脏按压(人工循环)。

⑤ 现场有条件时,应采取进一步处理,如静脉输液、给氧、电击除颤等积极措施。

现场心肺复苏法的具体步骤:迅速确定伤员是否存在意识(判断神志)⟶高声呼叫其他人前来帮助抢救(呼叫"120")⟶迅速使伤员处于仰卧位(放置体位)⟶畅通呼吸道(开放气道)⟶确定呼吸是否存在⟶人工呼吸(口对口或口对鼻呼吸)⟶判定心跳是否停止(触摸颈动脉)⟶胸外心脏按压,建立循环⟶有条件时可先予以直流电除颤,并用药物处理⟶转送医院,继续复苏。

(2) 医院的心肺复苏(二期救生) 在初期的心肺复苏急救的基础上,使用医疗设备由专业医务人员维持伤员心肺功能和酸碱平衡,控制心律紊乱以及脑复苏和其他并发症的处理,使脑、心、肺恢复智能和工作能力。

3. 现场心肺复苏法

(1) 判断意识和呼救(在 5 s 时间内)

① 轻轻拍打伤员肩部,高声呼叫:"喂! 你怎么啦?"如图 3-11 所示。

② 如认识,可直接呼喊其姓名。有意识者,立即送医院。

③ 如伤员神志不清,无意识,应立即招呼周围的人前来协助抢救,并立即高声求助:"来人啊! 救命啊!"立即呼叫"120"救护系统。如图 3－12 所示。

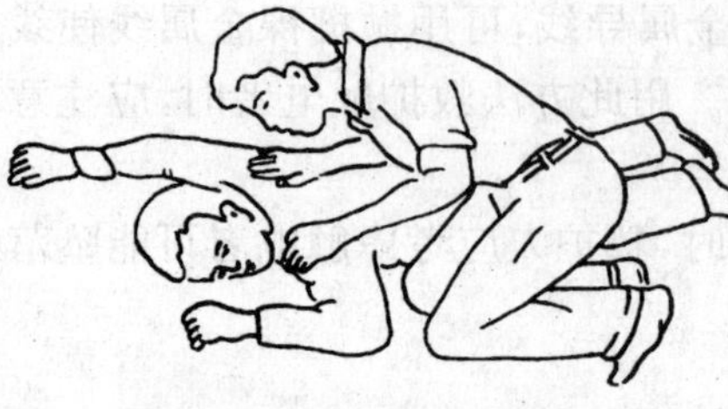

图 3－11　判断伤员有无意识

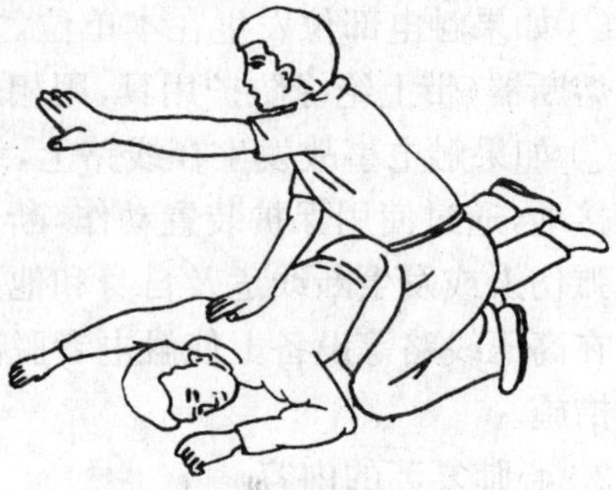

图 3－12　呼救

(2) 将伤员放置适当体位和打开气道(用 5～10 s 时间)

① 正确的抢救体位是:仰卧位。头、颈、躯干平卧无扭曲,双手放于两侧躯干旁,救护人跪于病人一侧,如图 3－13 所示。注意保护伤员颈部,解开上衣(冷天应注意保暖)。

② 打开气道,保持呼吸道通畅。主要采用仰头举颏法:即一手置于伤员的前额使头部后仰,另一手的食指与中指置于下颌骨近下颏处,抬起下颏,即使会厌上抬,打开气道。如图 3－14 所示。注意:严禁用枕头等物;手指不压迫颈前部、颏下软组织,以防压迫气道。

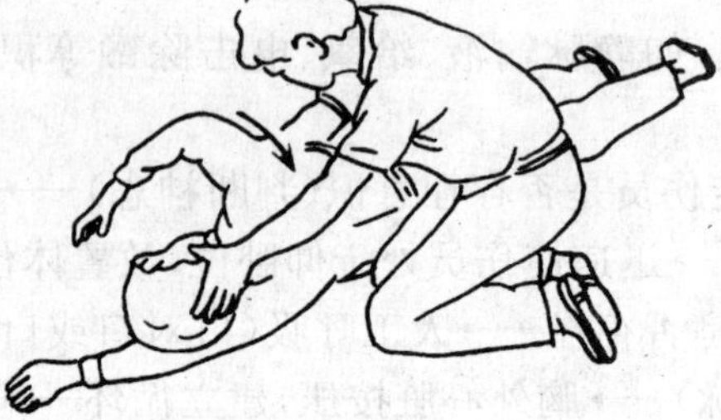

图 3－13　放置伤员

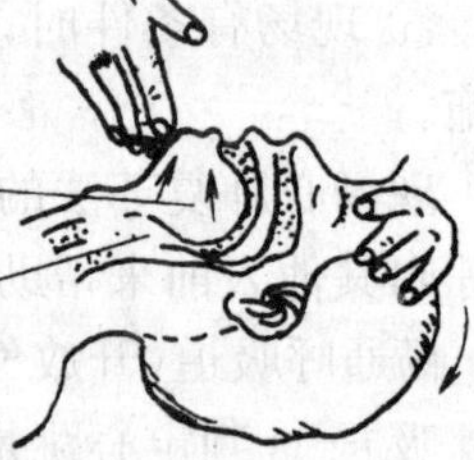

图 3－14　仰头举颏法

(3) 判断呼吸(在 5 s 内)　在通畅呼吸道之后,由于气道通畅可以明确判断呼吸是否存在,救护人用耳贴近伤员口、鼻,观察其胸有无起伏,如图 3－15 所示。

(4) 口对口(鼻)呼吸(人工呼吸)　救护人跪在伤员头颈部侧,当判断伤员确实不存在呼吸时,应立即进行口对口(鼻)的人工呼吸。具体方法如下:

① 在保持呼吸道通畅的位置下进行。

② 用按于前额的手的拇指与食指，掐住伤员鼻孔，防止逸出。救护人深吸一口气屏住，并用自己的嘴唇包住伤员微张的嘴。

③ 用力快而深地向伤员口中吹气，同时仔细地观察胸部有无起伏。如无起伏，说明气未吹进，如图 3－16 所示。

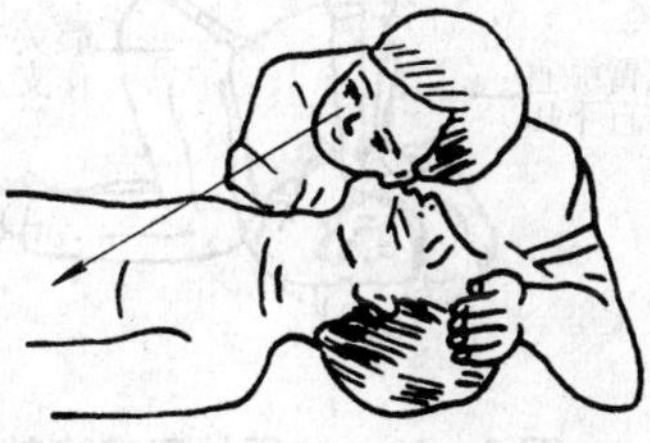

图 3－15　看、听、试判断呼吸

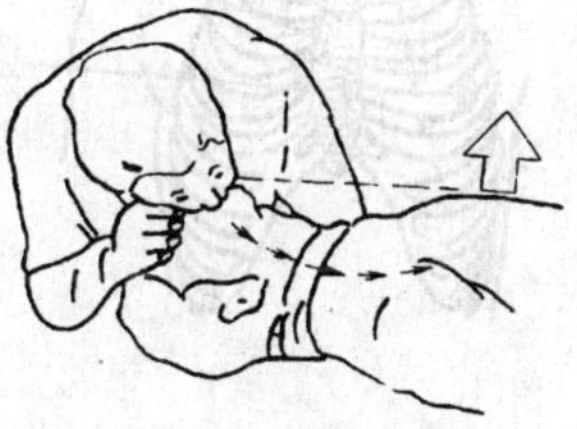

图 3－16　口对口吹气

④ 一次吹气完毕后，即与伤员口部脱离，轻抬头面向伤员胸部，吸口新鲜空气，做下一次吹气准备，同时使伤员的口张开，掐鼻的手松开，以便伤员鼻孔通气，观察伤员胸部的变化。如图 3－17 所示。隔 4～5 s 后，再次掐住伤员鼻孔下端，将深吸的气向伤员口中吹气，如此反复进行口对口呼吸。

抢救一开始时，应向伤员先吹气两次，每次 1～1.5 s，每次吹入气体约为 800～1 100 mL，吹气量以胸廓能上抬为宜，不要过大；每分钟吹气 12～16 次。

(5) 胸外心脏按压　胸外心脏按压是人工迫使血液循环的一种复苏方法。首先应在开放气道的位置下，用食指及中指尖先触及气管正中位气管旁软组织，轻轻触摸颈动脉搏动，无脉搏、心跳时，救护人立即徒手进行胸外按压，如图 3－18 所示。

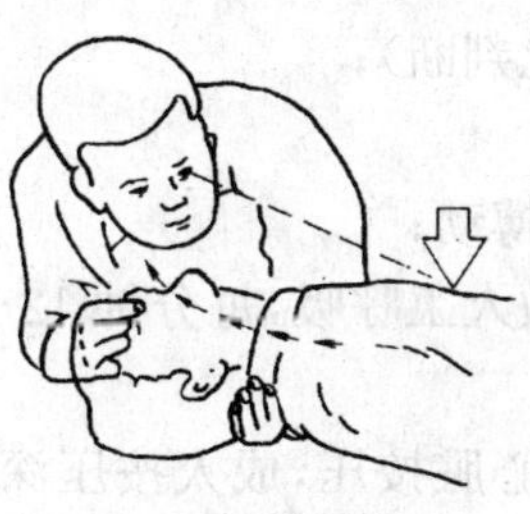

图 3－17　口对口吸气

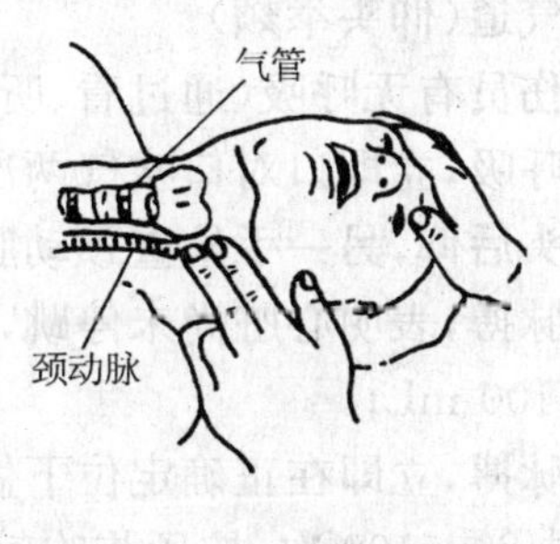

图 3－18　触摸颈动脉搏动

① 按压部位：伤员应仰卧于硬板或地面上，找准双侧肋弓的汇合点，胸骨下 1/2 的按压部位，使两手掌重叠，十指相扣，掌根部的横轴与胸骨的长轴重合，手指翘起，不接触伤员胸壁，如图 3－19 所示。

② 正确的按压姿势和用力方式：救护人跪在胸腰部一侧，上半身前倾，双肩位于双手的正上方，两臂伸直，垂直向下用力，借助自身上半身的体重和肩臂部肌肉

的力量均匀有节律地压至要求程度后，立即全部放松，但掌根不要离开胸壁，如图 3-20 所示。

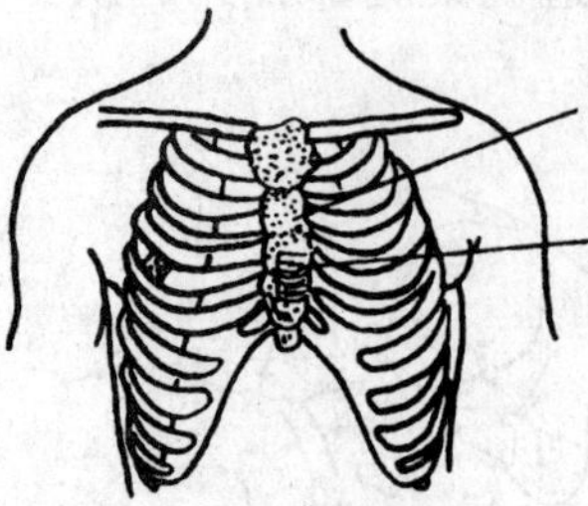

图 3-19　胸外按压位置

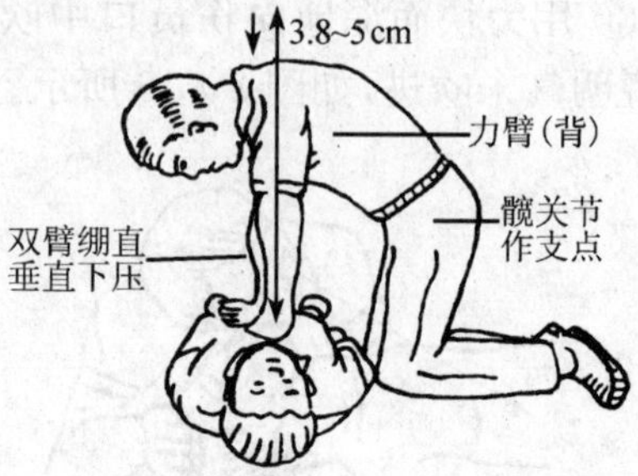

图 3-20　按压的正确姿势

③ 操作频率等要求：按压频率应保持在每分钟 80～100 次；按压深度成人伤员胸骨下压为 4～5 cm；按压与吹气之比为 15∶2。每隔 3～4 min，检查呼吸与循环。

4. 单人、双人复苏法

现场心肺复苏法的具体操作步骤和做法与要求，已在前面较详细叙述过，为了便于练习者掌握，现对单人、双人复苏法的操作步骤加以简述：

(1) 单人复苏法　单人复苏的操作过程有以下步骤：

① 首先判断伤员有无意识(通过轻拍、高声呼喊判断)；

② 如无反应，立即呼救："来人啊！救命啊！"等，并立即呼叫"120"专业急救机构；

③ 迅速将伤员放置于仰卧位，并放在地面上或硬板上；

④ 开放气道(仰头举颏)；

⑤ 判断伤员有无呼吸(通过看、听和感觉判断)；

⑥ 如无呼吸，立即口对口吹气两次；

⑦ 保持头后仰，另一手检查颈动脉有无搏动；

⑧ 如有脉搏，表明心脏尚未停跳，可仅做人工呼吸，每分钟 12～16 次，每次吹气量 700～1 100 mL；

⑨ 如无脉搏，立即在正确定位下做胸外心脏按压，成人按压深度 4～5 cm，按压频率每分钟 80～100 次，按压与吹气之比为 15∶2；

⑩ 救护人自数口诀，每操作 15 次按压，需做 2 次人工呼吸，然后再在胸部重新定位，再做胸外按压，如此反复进行，直到协助抢救人员或专业医务救护人员赶来接替；

⑪ 开始 1 min 后注意观察、检查脉搏、呼吸、瞳孔，以后每 3～4 min 检查一次，检查时间不超过 5 s；

⑫ 如要搬运转移伤员，应持续做心肺复苏，中断时间不超过 5 s。

(2) 双人复苏法　双人复苏是指由两人同时进行复苏操作,如图 3 - 21 所示。

一人进行人工呼吸,另一人进行心脏按压,两人需要互相配合,协调默契。其基本步骤和按压要求和上述单人的相同,但有以下不同:

① 一人跪在伤员的头颈部,负责口对口吹气并观察伤员的颈动脉的搏动;另一人跪在伤员的胸腰部,负责进行胸外心脏按压。

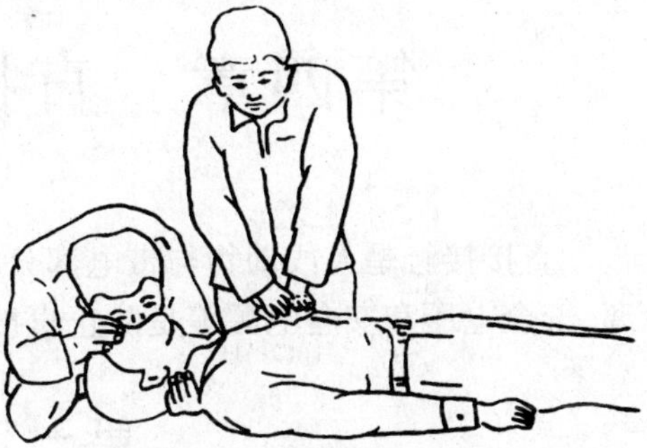

图 3 - 21　双人复苏法

② 吹气必须在胸外按压的松弛时间内完成。吹气与胸外按压之比为 2∶15,最后由负责人工呼吸的人数口诀进行。

③ 互换操作时,宜在停止按压检查颈动脉时进行,中断时间不要超过 5～10 s。

思考题

1. 触电后对人体造成哪些伤害?
2. 试述电流通过人体的哪种途径最危险? 原因是什么?
3. 一般触电方式有哪几种? 简述预防措施有哪些?
4. 跨步电压和接触电压的意义是什么? 如何预防?
5. 发生低压触电事故,可采用哪几种方法使触电者脱离电源?
6. 胸外心脏按压是一种怎样的复苏方法? 它的正确按压部位在哪个部位? 按压深度、频率和按压与吹气之比是多少?
7. 现场发生有人触电,你能采用哪几种方法使触电者脱离电源?

第四章　直接接触电击防护

直接接触是人或动物与带电部分的接触。绝缘、电气屏护、电气间隙和安全距离、安全电压和安全电源等是防止直接接触电击的防护措施。

第一节　绝　缘

绝缘是采用绝缘物把带电体封闭起来。这种绝缘物只有在遭到破坏时才能除去绝缘性。电工绝缘材料的电阻率一般在 $10^7\ \Omega \cdot m$ 以上。

一、绝缘损坏

1. 击穿　绝缘物在强电场等因素作用下失去绝缘性能的现象叫做击穿。气体击穿后能自己恢复绝缘性能；液体击穿后能基本上恢复或一定程度地恢复绝缘性能；固体击穿后不能恢复绝缘性能。

2. 损伤　绝缘物在腐蚀性气体、蒸气、潮气、粉尘及机械等因素作用下会受到损伤而降低甚至失去绝缘性能。

3. 老化　绝缘物在热、电等因素作用下电气性能和机械性能将逐渐劣化，这一现象称绝缘老化。

二、绝缘指标

1. 绝缘电阻　足够的绝缘电阻能把电气设备的泄露电流限制在安全范围内。绝缘电阻用兆欧表(摇表)测定。测量必须停电进行，测量接线如图 4－1 所示。

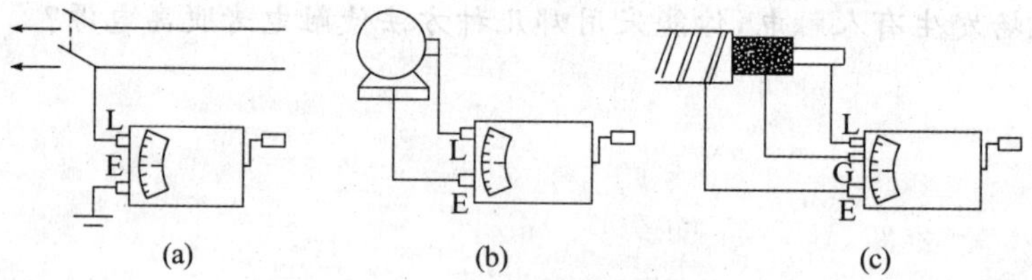

图 4－1　绝缘电阻测定

(a) 测量线路　(b) 测量电机　(c) 测量电缆

测量绝缘电阻须注意以下几点：

(1) 额定电压 500 V 以下者选用 500 V 或 1 000 V 兆欧表(运行中的设备和安全电压的设备选用 500 V 兆欧表)；额定电压 500 V 以上者选用 1 000～2 500 V 兆欧表。

(2) 测量前检查兆欧表：开路摇动，指针应指向“∞”位；短路轻摇，指针应迅速指向"0"位。

(3) 被测设备或线路停电、放电。

(4) 正确接线,转动摇把,转速逐渐增加,至每分钟 120 转指针稳定后读数;若指针指向零位,则说明绝缘已经损坏,应停止测量。

常见电气线路和设备的绝缘电阻要求如下:

(1) 低压线路和低压设备:新装和大修后的低压线路和设备,绝缘电阻不应低于 0.5 MΩ;运行中的不应低于每伏工作电压 1 000 Ω;在潮湿环境运行的不应低于每伏工作电压 500 Ω。控制线路一般不应低于 1 MΩ;潮湿环境的可降低为 0.5 MΩ。

(2) 高压线路和高压设备:35 kV 高压线路和设备的绝缘电阻不应低于 1 000~2 500 MΩ。其中架空线路每个绝缘子的绝缘电阻不应低于 300 MΩ。运行中电缆的绝缘电阻可参考表 4-1 的要求。电力变压器投入运行前,其绝缘电阻不应低于出厂时的 70%,或不低于表 4-2 的要求;如测得变压器绝缘电阻低于出厂或大修后实验值的 70%,应根据有关规定对绝缘油作耐压强度及其他测试。高压交流电动机的定子绝缘电阻不应低于每千伏工作电压 1 MΩ;转子绝缘电阻每千伏工作电压不应低于0.5 MΩ。FS 型避雷器的绝缘电阻不应低于 2 500 MΩ。

表 4-1　电缆线路的绝缘电阻

额定电压(kV)	3	6~10	20~35
绝缘电阻(MΩ)	300~750	400~700	600~1 500

注:表内绝缘电阻值,在干燥季节取较大值,潮湿季节取较小值。

表 4-2　变压器线圈绝缘电阻(MΩ)

<table>
<tr><td colspan="3">温度(℃)</td><td>10</td><td>20</td><td>30</td><td>40</td><td>50</td><td>60</td><td>70</td><td>80</td></tr>
<tr><td rowspan="6">额定电压(kV)</td><td rowspan="2">3~10</td><td>良好值</td><td>900</td><td>450</td><td>225</td><td>120</td><td>64</td><td>36</td><td>19</td><td>12</td></tr>
<tr><td>最低值</td><td>600</td><td>300</td><td>150</td><td>80</td><td>43</td><td>24</td><td>13</td><td>8</td></tr>
<tr><td rowspan="2">20~35</td><td>良好值</td><td>1 200</td><td>600</td><td>300</td><td>155</td><td>83</td><td>50</td><td>27</td><td>15</td></tr>
<tr><td>最低值</td><td>800</td><td>400</td><td>200</td><td>105</td><td>55</td><td>33</td><td>18</td><td>10</td></tr>
<tr><td rowspan="2">60~220</td><td>良好值</td><td>2 400</td><td>1 200</td><td>600</td><td>315</td><td>165</td><td>100</td><td>50</td><td>30</td></tr>
<tr><td>最低值</td><td>1 600</td><td>800</td><td>400</td><td>210</td><td>110</td><td>65</td><td>35</td><td>21</td></tr>
</table>

2. 吸收比　吸收比是从开始测量起第 60 s 的绝缘电阻与第 15 s 的绝缘电阻的比值。吸收比也用兆欧表测量。绝缘受潮后,充电过程变快,吸收比趋近于 1;10~30 ℃时,35 V 以下的变压器的吸收比不应低于 1.2。1 000 V 以上的电动机的吸收比不应低于 1.2。

3. 耐压强度　耐压试验是检验电气设备承受过电压能力的试验。主要包括工频耐压试验、直流耐压试验和冲击电压试验。电力变压器、电动机、熔断器、电容器等在投入运行前应做工频耐压试验;油浸电力电缆应做直流耐压试验;电工安全用具应根据规定定期做工频耐压试验；避雷器必要时应做工频放电电压试验；电气设备的绝缘油应在杯中用标准电极做耐压绝缘试验等。

各种电气设备的工频耐压试验电压标准如表 4－3 所列。绝缘油的耐压绝缘强度不应低于表 4－4 的要求。

表 4－3　耐压试验电压标准(kV)

额定电压(kV)	电力变压器		断路器、电流互感器		隔离开关、干式电抗器		电压互感器		支持绝缘子、套管：瓷或充油绝缘		支持绝缘子、套管：固体有机绝缘		干式变压器		电动机转子线圈		电力电容器	
	出厂	交接	出厂	交接	出厂	交接	出厂	交接	出厂	交接	出厂	交接	出厂	交接	出厂	交接	出厂	交接
≤0.4	5	4											3				2.5	2.1
1														2			5	4.2
3	18	15	24	22	24	24	24	22	25	25	25	22	10	8.5		5	18	15
6	25	21	32	28	32	32	32	28	32	32	32	28	16	13		10	25	21
10	35	30	42	38	42	42	42	38	42	42	42	38	20	14		16	35	30
15	45	38	55	50	55	55	55	50	57	57	57	50	37				44	33
20	55	47	65	59	65	65	65	59	68	68	68	59					55	47
35	85	72	95	85	95	95	85	100	100	100	90					85	72	
60	140	120	155	140	155	155	140	125	165	165	165	150						
110	200	170	250	225	250	250	200	180	265	265	265	240						
		(195)		(260)		(290)		(210)		(305)		(290)						
220	400	340	475	425	470	470	400	360	490	490	490	440						

注：1. 括号中数值适用于小接地短路电流系统。

2. 悬式绝缘子试验电压为 45～70 kV。

3. 绕线式电动机转子绕组试验电压不可逆者为 0.75(2U_k＋1 000)V；可逆者为 0.75(4U_k＋1 000)V。U_k为堵转时转子线圈(额定)开路电压。同步电动机转子绕组试验电压为额定磁电压的 7.5 倍，但不得低于 1 200 V，且不高于试验电压的 75％。

4. 二次回路试验电压为 1 000 V(额定电压 48 V 及以下者可以不做)，绝缘电阻 10 MΩ 以上的回路可用2 500 V摇表代替。

表 4－4　绝缘油的耐压强度(kV)

使用电压	15 及以下	20～35	44～220
新油及再生油	25	35	40
运行中的油	20	30	35

做工频耐压试验时，先以任意速度加压至试验电压的40%左右，再以每秒3%的试验电压的速度升高到试验电压，并持续到规定时间，然后在5 s内把电压降低到试验电压的5%以下，再切断电源。耐压试验的加压时间一般为1 min(瓷质和液体绝缘为主者)或5 min(有机固体绝缘为主者)，但电压互感器为3 min、油浸电力电缆为10 min等。进行耐压试验时，必须遵循相应的安全操作规程。

4. 泄漏电流 泄漏电流是设备在正常运行的相电压作用下经绝缘部分导入大地的电流。泄漏电流试验是设备在外施示压作用下经绝缘流入大地的电流。因为外施电压较高，而且电压稳定，所以，泄漏电流试验比较容易发现绝缘硬伤、脆裂等内部缺陷。泄漏电流试验一般只对某些安全要求较高的设备，如某些电工安全用具(绝缘手套、绝缘靴、绝缘垫等)、某些日用电器和电动工具、某些高压设备(阀型避雷器、电力电缆、断路器、电力变压器等)才有必要按规定进行。

5. 介质损耗 介质损耗试验是测量绝缘介质损耗的正切值$\tan\delta$。当绝缘老化、轻微受潮或有局部缺陷时，虽然总的泄漏电流增加很少，但产生介质损耗的有功电流明显增加，使介质损耗角δ及其正切值$\tan\delta$明显增加。因此测量$\tan\delta$能比较准确地检查绝缘的质量。电力变压器、断路器、高压套管(纯瓷套管除外)、电压互感器、电力电容器、绝缘油均应做介质损耗试验。与温度和电压有关：温度升高，$\tan\delta$值也随着升高；电压越高，则要求绝缘材料的$\tan\delta$值越低。

第二节 电气屏护

屏护是借用屏障物防止触及带电体。屏护装置包括遮拦和障碍。遮拦可防止无意或有意触及带电体，障碍只能防止无意触及带电体。屏护装置还可以防止电弧烧伤和弧光短路事故，还有利于安全操作等。

屏护装置所用材料应有足够的机械强度和良好的耐火性能。可根据现场需要制成板状、网状或栅状屏护装置。

遮拦高度一般不应低于1.7 m，下部边缘离地面不应超过0.1 m。网眼不应大于20 mm×20 mm～40 mm×40 mm。户内遮拦高度不应低于1.2 m，户外不应低于1.5 m。对于低压设备，遮拦与裸导体的距离不应小于0.8 m，围栏高度不应低于1.2 m，栏条间距离不应超过0.2 m。户外变配电装置围墙高度一般不低于2.5 m。金属屏护装置应采用接零(地)保护措施。

屏护装置安全要求：

1. 遮拦 遮拦应具有永久性特征，必须使用钥匙或工具才能移开；障碍也必须稳固，并不得被无意移开。

2. 栅栏 栅栏等屏护装置上应根据被屏护对象挂上“止步，高压危险！”、“禁止攀登，高压危险！”等警告牌。

3．必要的信号装置和连锁装置　前者一般用灯光或仪表指示有电；后者是采用专门装置，当人体可能越过屏护装置时，被屏护装置自动断电。被屏护带电部分停电以后，只有屏护装置恢复时才能恢复送电。

第三节　电气间距和安全距离

间距是将带电体置于所及范围之外的安全措施。带电体与地面之间、带电体与其他设备和设施之间、带电体与带电体之间应保持必要的距离。间距可以用来防止人体触及或过分接近带电体和防止车辆或其他物体碰撞或过分接近带电体；间距还有利于检修安全和防止电气火灾及各种短路事故。间距的大小决定于电压高低、设备类型、环境条件以及安装方式等因素。

一、变压器间距

室内安装的变压器，其外壳与变压器四壁之间的最小距离应不小于表 4－5 所列数值。室外安装的变压器，其外廓之间的距离一般不应小于 1.5 m，外廓与围栏或建筑物之间不应小于 0.8 m。

表 4－5　变压器外廓与变压器四壁的最小距离

变压器容量(kV·A)	1 000 及以下	1 250 及以上
变压器外廓与变压器室后壁	0.6 m	0.8 m
变压器外廓与变压器室门	0.8 m	1.0 m

二、配电装置通道

电压配电装置正面通道宽度一般不应小于下列数值：

配电装置单列布置时　　　　　　1.5 m

配电装置双列布置时　　　　　　2 m

低压配电装置背面通道应符合以下要求：

(1) 宽度一般不应小于 1 m，有困难时可减为 0.8 m；

(2) 通道内高度低于 2.3 m，无遮拦裸导电部分与对面墙或设备的距离不应小于 1 m，而与对面其他裸导电部分的距离不应小于 1.5 m；

(3) 通道上方裸导电部分的高度低于 2.3 m 时应加遮拦，加遮拦后通道高度不应小于 1.5 m。

高压配电装置宜与电压配电装置分室装设；在同一室内单列布置时，高压开关柜与电压配电盘之间的距离不应小于 2 m。配电装置排列长度超过 6 m 时，盘后应有两个通向本室或其他房间的出口，且其间距离不应超过 1.5 m。

三、用电设备间距

用电设备的安装应符合安全要求，包括间距的要求。车间电压配电盘底口距地面高度，暗装的可取 1.4 m，明装的可取 1.2 m。明装电度表板底口距地面高度可取 1.8 m。常用开关设备的安装高度为 1.3～1.5 m；为了便于操作，开关手柄与建筑物之间应保持 150 mm 的距离。墙用平开关离地面高度可取 1.4 m。明装插座离地面高度为 1.3～1.5 m；暗装的可取 0.2～0.3 m。室内吊灯灯具高度应大于 2.5 m；受条件限制可减为 2.2 m；如果还要降低，应采取适当安全措施；当灯具在桌面上方或人碰不到的地方时，高度可减为 1.5 m。户外照明灯具高度不应小于 3 m，墙上灯具高度允许减小为 2.5 m。

四、线路间距

1. 架空线路　架空线路导线与地面的距离不应低于表 4-6 所列的数值。

表 4-6　导线与地面和水面的最小距离(m)

线路经过地区	线路电压(kV)		
	1 以下	1～10	35
居民区	6	6.5	7
非居民区	5	5.5	6
不能通航或浮运的河、湖(冬季水面)	5	5	—
不能通航或浮运的河、湖(50 年一遇的洪水水面)	3	3	—
交通困难地区	4	4.5	5
步行可以达到的山坡	3	4.5	5.0
步行不能达到的山坡、峭壁和岩石	1.0	1.5	3.0

架空导线应避免跨越建筑物。架空线路不应跨越可燃烧材料作屋顶的建筑物。架空线路必须跨越建筑物时，应与有关部门协商并取得有关部门的同意。架空线路与建筑物的距离不应低于表 4-7 的数值。

表 4-7　导线与建筑物的最小距离(m)

线路电压(kV)	1 以下	10	35
垂直距离	2.5	3.0	4.0
水平距离	1.0	1.5	3.0

表 4-8　导线与树木的最小距离(m)

线路电压(kV)	1 以下	10	35
垂直距离	1.0	1.5	3.0
水平距离	1.0	2.0	—

架空线路导线与街道或厂区树木的距离不应低于表 4-8 所列的数值。但与绿化区或公园树木的距离不应小于 3 m。架空线路应与有爆炸危险和有火灾危险的厂房保持一定的防火间距。架空线路与管道、通航河流、索道及其他架空线路交叉或接近的距离不应小于表 4-9 所列数值。表中各项水平距离如系开阔地区，一

般不应小于电杆高度。表中特殊管道系指输送易燃、易爆物质的管道。表中各项距离，均应考虑到气象条件（温度、覆冰、风力）的影响。线路档距一般可采用表4－10所列数值。几种线路同杆架设时应取得有关部门同意，而且必须保证：

（1）电力线路在通信线路上面，高压线路在低压线路的上方。

（2）通信线路与低压线路之间的距离不得小于1.5 m；低压线路之间不得小于0.6 m；低压线路与10 kV 高压线路之间不得小于1.2 m；10 kV 高压线路与10 kV高压线路之间不得小于0.8 m。

表4－9 架空线路与工业设施的最小距离（m）

项目					线路电压（kV）		
					1以下	10	35
铁路	标准轨距	垂直距离	至轨顶面		7.5	7.5	7.5
			至承力索或接触线		3.0	3.0	3.0
		水平距离	电杆外缘至轨道中心	交叉	5.0		
				平行	杆高加3.0		
	窄轨	垂直距离	至轨顶面		6.0	6.0	7.5
			至承力索或接触线		3.0	3.0	3.0
		水平距离	电杆外缘至轨道中心	交叉	5.0		
				平行	杆高加3.0		
道路	垂直距离				6.0	7.0	7.0
	水平距离（电杆至道路边缘）				0.5	0.5	0.5
通航河流	垂直距离	至50年一遇洪水水位			6.0	6.0	6.0
		至最高航行水位的最高桅顶			1.0	1.5	2.0
	水平距离	边线至河岸上沿			最高杆（塔）高		
电力线路	垂直距离				1.0	2.0	3.0
	水平距离（两线路边导线间）				1.0	2.0	4.0
	1 kV以下	垂直距离			1	2	3
		水平距离（两线路边导线间）			2.5	2.5	5.0
	10 kV	垂直距离			2	2	3
		水平距离（两线路边导线间）			2.5	2.5	5.0
	35 kV	垂直距离			3	3	3
		水平距离（两线路边导线间）			5.0	5.0	5.0
特殊管道	垂直距离	电力线在上方			1.5	3.0	3.0
		电力线在下方			1.5	—	—
	水平距离（边导线至管道）				1.5	2.0	4.0
索道	垂直距离	电力线在上方			1.5	2.0	3.0
		电力线在下方			1.5	2.0	3.0
	水平距离（边导线至索道）				1.5	2.0	4.0

表 4-10 线路档距(m)

线路电压(kV)	1 以下	35
城　区	40～50	40～50
郊　区	40～60	60～100

2. 接户线　10 kV 接户线对地距离不应小于 4.0 m；低压接户线对地距离不应小于 2.5 m；低压接户线跨越通车街道时，对地距离不应小于 6 m；跨越通车困难的街道或人行道时，不应小于 3.5 m。

3. 户内低压线路　户内低压线路的间距要求随敷设方式不同而不同。户内低压线路与工业管道和工艺设备之间的最小距离见表 4-11。

表 4-11 户内线路与工业管道和工艺设备的最小距离(mm)

布线方式		导线穿金属管	电缆	明设绝缘导线	裸母线	天车滑触线	配电设备
煤气管	平行	100	500	1 000	1 000	1 500	1 500
	交叉	100	300	300	500	500	—
乙烯管	平行	100	1 000	1 000	2 000	3 000	3 000
	交叉	100	500	500	500	500	—
氧气管	平行	100	500	500	1 000	1 500	1 500
	交叉	100	300	300	500	500	—
蒸气管	平行	1 000(500)	1 000(500)	1 000(500)	1 000	1 000	500
	交叉	300	300	300	500	500	—
暖热水管	平行	300(200)	500	300(200)	1 000	1 000	100
	交叉	100	100	100	500	500	—
上水、下水、压缩、空气、通风管	平行	100	200	200	1 000	1 000	100
	交叉	50	100	100	500	500	—
工艺设备	平行	—	—	—	—	1 500	—
	交叉	—	—	—	—	1 500	—

应用表 4-11 时应注意以下几点。

(1) 表内无括号的数字为电线管路在管道上方时的数据，有括号的数字为电线管路在管道下方时的数据(电线管道应尽可能敷设在热力管道下方)。

(2) 在不能满足表中所列距离的情况下，应采取以下措施：① 电线管路与蒸气管不能保持表中距离时，应在蒸气管或电线管外包以隔热层，则平行净距可减为 200 mm，交叉处仅须考虑施工操作和便于维修的距离；② 电线管路与暖水管不能保持表中距离时，可在暖水管外包隔热层；③ 裸母线与其他管道交叉不能保持表中距离时，应在交叉处的裸母线外加装保护网或罩。

(3) 当上水管与电线管平行敷设且在同一垂直面时，应将电线管路敷设于水管上方。

(4) 裸母线应敷设在经常维修的管道上方。

户内低压裸导线与地面、生产设备和建筑物之间的最小距离不应小于下列数值：

距地面	3.5 m	固定点间距 2 m 以内时距建筑物	0.05 m
距汽车通道的地面	6 m	固定点间距 2～4 m 时距建筑物	0.10 m
距起重机铺板	2.2 m	固定点间距 4～6 m 时距建筑物	0.15 m
距需要经常维修的管道	1 m	固定点间距 6 m 以上时距建筑物	0.20 m
距需要经常维修的生产设备	1.5 m		

裸导体采用网状遮拦保护时，离地面最小高度可减低为 2.5 m。低压绝缘导线至地面最小距离不应小于表 4－12 所列数值。

表 4－12　低压绝缘导线对地面最小距离(m)

敷设方式	最小距离	
	室　内	室　外
水平	2.5	2.7
垂直	1.8	2.7

4. 电缆线路　电缆有多种敷设方式。直埋电缆埋设深度不应小于 0.7 m，并应埋入冻土层以下。直埋电缆相互之间、直埋电缆与管道、道路与建筑物等工程设施之间的距离不应小于表 4－13 所列数值。

表 4－13　直埋电缆与工程设施的最小距离(m)

敷设条件		最小距离		备　注
		平行	交叉	
电力电缆之间、电力电缆与控制电缆之间	10 kV 以上	0.25	0.5	① 交叉时，高压电缆应在低压电缆下方 ② 电缆穿管或用隔板隔开时，平行净距可降低为 0.1 m ③ 交叉点前后 1 m 范围内，如电缆穿入管中或用隔板隔开，交叉净距可降低为 0.25 m
	10 kV 以下	0.1	0.5	
不同部门的电缆之间		0.5	0.5	
控制电缆之间		—	0.5	
与热力管道(管沟)及热力设备之间		2.0	0.5	① 检修管道可能伤及电缆时，交叉点前后 1 m 范围内，应采取保护措施 ② 交叉距离不能满足要求时，应将电缆穿入管中，则其间距离可减为0.25 m
与可燃气体、易燃及可燃液体管道(管沟)之间		1.0	0.5	
与水管、压缩空气管道之间		0.5	0.5	
铁路路轨		3.0	1.0	穿管保护时，保护管应伸出路轨 2 m以外
电气化铁路路轨	交　流	3.0	1.0	不能满足要求时，应采取防蚀措施
	直　流	10.0	1.0	

续表 4－13

敷设条件	最小距离		备　注
	平行	交叉	
公　路 道　路	1.5 1.0	1.0 0.7	穿管保护时，保护管应伸出路边 2 m以外
电杆基础(边线)	1.0		
建筑物基础(边线) 排水沟	0.6 1.0	 0.5	电缆应在建筑物散水坡以外，穿管保护时，保护管应伸出散水坡以外

应用表 4－13 时应注意以下两点：

(1) 电缆与热力管道接近时，电缆周围土壤温升不应超过±10 ℃；否则，应采取隔热措施。

(2) 当穿管保护时，最小距离应从保护管(或其他保护物)外壁算起。沿电缆沟和隧道敷设的低压电缆应满足表 4－14 的间距要求。

表 4－14　电缆沟和隧道电缆与工程设施的最小距离(mm)

敷设条件	隧道高度	电缆沟深度	
	1 000 mm	600 mm 以下	600 mm 以下
两边有支架，支架间水平距离	1 000	300	500
一边有支架，支架与墙壁之间	900	300	450
支架层间(电力电缆)	200	150	150
支架层间(控制电缆)	120	100	100
电力电缆间水平间距	35	35	35

穿电缆保护管埋入深度不应小于 100 mm，伸出建筑物散水坡的长度不应小于 250 mm。户内明设的电缆与其他线路之间的最小距离不应小于下列数值：

低压电缆之间　　35 mm　　低压电缆与照明设备之间　　100 mm

低压电缆与高压电缆之间150 mm　　高压电缆与照明线路之间　　150 mm

五、检修间距

为了防止人体接近带电体，必须保持足够的检修间距。在电压操作中，人体或其所携带工具等与带电体的距离不应小于 0.1 m。在高压无遮拦操作中，人体或其携带工具与带电体之间的最小距离不应小于下列数值：

10 kV 及以下　　0.7 m

20～35 kV　　1.0 m

当不足上述距离时，应装设临时遮拦，并应符合下列要求：

用绝缘杆操作时，上述距离可减为

10 kV 及以下　　0.4 m

35 kV　　0.6 m

在线路上工作时，人体或携带工具等与临时带电线路的最小距离不小于下列数值：

10 kV 及以下	1.0 m
35 kV	2.5 m

不足上述距离时，临近的线路应当停电。

用水冲洗时，小型喷嘴与带电体之间的最小距离不应小于下列数值：

10 kV 及以下	0.4 m
20～44 kV	0.5 m

工作中使用喷灯或气焊时，火焰不得喷向带电体。火焰与带电体之间的最小距离不得小于下列数值：

10 kV 及以下	1.5 m
35 kV	3 m

第四节　安全电压和安全电源

安全电压是指在各种不同环境条件下，人体接触到带电体后各部分组织（如皮肤、心脏、呼吸器官和神经系统等）不发生任何损害的电压。它是制定安全措施的依据。但不要把安全电压理解为绝对没有危险的电压。具有安全电压的设备属于Ⅲ类设备。安全电压值等于人体允许电流和人体电阻的乘积。

一、人体允许电流

在摆脱电流范围内，人被电击以后，能自主地摆脱带电体，解除触电危险，一般情况下，可以把摆脱电流看做是人体允许电流。男性的最小允许电流为 9 mA，女性的最小允许电流为 6 mA。在系统和设备装有防触电的速断保护装置的情况下，人体的允许电流可按 30 mA 考虑。在空中、水面等可能因电击导致摔死、淹死的场合，人体的允许电流应按不引起强烈痉挛的 5 mA 考虑。

二、人体阻抗及其测定

人体触电时，当接触的电压一定时，流过人体的电流大小就决定于人体电阻的大小。人体电阻越小，流过人体的电流就越大，也就越危险。一般情况下，人体电阻可按 1 000～2 000 Ω 考虑。

此外，作用于人体的电压，也会影响人体电阻，随着电压的升高，人体电阻会下降，致使电流增大，对人体的伤害加剧。随着高压而变化的人体电阻，见表 4－15 所示。人体阻抗是确定和限制人体电流的参数之一。因此，它是处理很多电气安全问题必须考虑的基本因素。

表 4-15 随电压而变化的人体电阻

电压 U(V)	12.5	31.3	62.5	125	220	250	380	500	1 000
人体电阻 R(Ω)	16 500	11 000	6 240	3 530	2 222	2 000	1 417	1 130	640
电流 I(mA)	0.8	2.84	10	35.4	99	125	268	442	1 560

三、安全电压

安全电压为防止触电事故而采用的由特定电源供电的电压系列。这个电压系列的上限值，在任何情况下两导体间或任一导体与地之间均不得超过交流(50～500 Hz)有效值 50 V，直流不超过 120 V。

安全电压的规定是以人体允许电流与人体电阻的乘积为依据的。国际电工委员会规定接触电压的限定值(即相当于安全电压)也为 50 V，并规定在 25 V 以下时，不需考虑防止电击的安全措施。

我国规定安全电压额定值的等级为 42 V、36 V、24 V、12 V、6 V。当电气设备采用了超过 24 V 的安全电压等级时，必须采取防止直接接触带电体的保护措施。

我国一般采用的安全电压为 36 V 和 12 V。如手提照明灯、高度不足 2.5 m 的一般照明灯、危险环境和特别危险环境的局部照明、携带式电动工具等，若无特殊安全结构和安全措施时，应采用 36 V 的安全电压。当工作地点狭窄、行动困难以及周围有大面积接地体等环境(如金属容器内、隧道内、矿井内的手提照明灯)，其安全电压应采用 12 V 的电压。

四、电源及回路配置

应用安全电压应在电源及回路配置方面符合要求：

1. 安全电源　一般采用安全隔离变压器作电源，其接线图如图 4-2 所示。

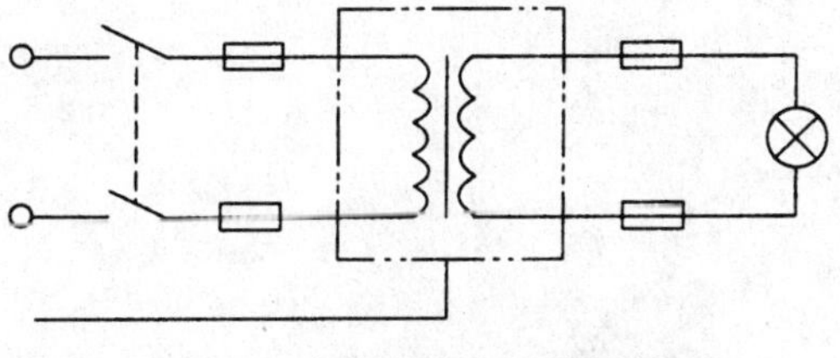

图 4-2 安全隔离变压器接线图

这种变压器原、副边之间有良好的绝缘，其间还可以用接地的屏蔽隔离开来。其带电部分与金属壳体之间的绝缘电阻不应小于 7 MΩ，原边与副边之间的绝缘电阻不应低于 5 MΩ。除隔离变压器外，还有同等隔离能力的发电机、蓄电池、电子装置均可做成安全电源。

2. 回路配置　安全电压回路的带电部分必须与较高电压的回路保持电气隔离，并不得与大地、保护零(地)线或其他电气回路连接。

3. 插销座　安全电压插销座不应带有接零(地)插头或插孔,不得与其他电压的插销座插错。

4. 短路保护　为了防止短路事故,原、副边均应装设熔断器。

五、功能特低电压

如果电压值与安全电压值相符,而由于功能上的原因,电源或回路配置不符合安全电压的要求,则称之为功能特低电压。其补充要求如下:

1. 直接电击防护　装设必要的屏护装置或加强设备的绝缘。

2. 间接电击防护　当该电路同原边保护零(地)线连接时,原边应装设防止触电的自动断电装置;如该回路仅一点接地,则无需采用补充安全措施。

思考题

1. 测量绝缘电阻须注意哪几点?
2. 常见电气线路和设备的绝缘电阻有何要求?
3. 屏护装置的安全要求是什么?
4. 间距的大小取决哪些因素?
5. 人体的安全电流是多少?人体的电阻值一般是多少?
6. 有电压就能电人,对吗?什么是安全电压?

第五章　间接接触电击防护

间接接触是人或动物与正常情况下不带电，故障情况下变为带电外露导电部分的接触。

设备的金属外壳采用保护接地、保护接零及漏电保护等都是防止间接接触电击的安全措施。保护接地和保护接零是保证设备正常运行和人身安全最基本的安全措施。因此，掌握和运用它是非常重要的。

第一节　IT 系统

IT 系统就是电源系统的带电部分（即变压器低压侧中性点）不接地或通过阻抗接地，电气设备的外露导电部分（外壳、支架、底座等）接地的系统。"I"表示电源侧不接地或经高阻抗接地，"T"表示电气设备金属外壳接地。如图 5－1 所示，显然，IT 系统就是三相三线制供电系统和三相四线制中性点不接地的供电系统。

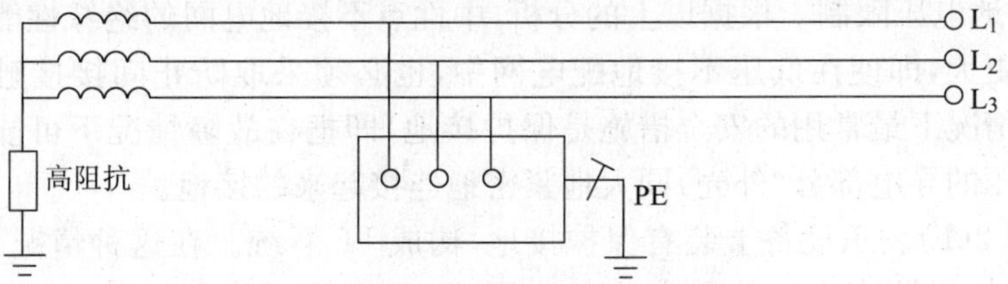

图 5－1　IT 系统的线路图

一、IT 系统安全原理

1. 不接地配电网电击的危险性　如图 5－2(a)所示，在不接地配电网中，如电气设备金属外壳未采用任何安全措施，则当外壳故障带电时，通过人体的电流经线路对地绝缘阻抗构成回路。绝缘阻抗是绝缘电阻和分布电容的并联组合。当各相对地绝缘阻抗相等，即 $Z_1=Z_2=Z_3=Z$ 时，运用电工学的方法可求得漏电设备对地电压（人体承受的电压）和流过人体的电流分别为：

$$U_d=3UR_r/|3R_r+Z|$$

$$I_d=U_d/R_r=3U/|3R_r+Z|$$

式中，U_d 和 I_d——漏电设备对地电压和流过人体的电流；U——电网相电压；R_r——人体电阻；Z——电网每相对地绝缘复阻抗。

如电网对地绝缘良好，可将对地绝缘电阻看作无限大，则以上两式可简化为：

$$U_d=\frac{3UR_b\omega C}{\sqrt{9R_b^2\omega^2C^2+1}}\qquad I_d=\frac{3U\omega C}{\sqrt{9R_b^2\omega^2C^2+1}}$$

尽管故障电流必须经过高值的绝缘阻抗才能构成回路，但在线路较长、绝缘水平较低的情况下，即使是低压配电网，电击的危险性仍然是很大的。例如，当配电网相电压为 230 V、频率为 50 Hz、各相对地绝缘电阻均可看作无限大，各相对地电容均为 0.5 μF、人体电阻为 2 000 Ω 时，可求得漏电设备对地电压为 135.4 V，流过人体的电流为 67.7 mA。这一电流远远超过人的心室颤动电流，足以使人致命。

在配电网各相对地绝缘阻抗不对称的情况下，定量分析略为繁琐一些，但电击的危险与以上结论基本一致。

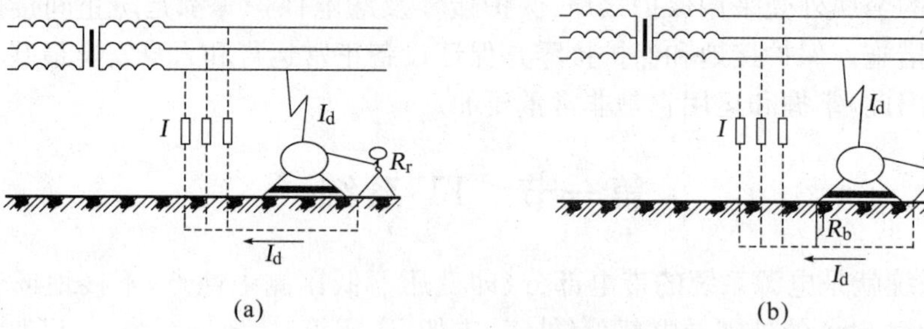

图 5－2　IT 系统的原理图

(a) 无保护接地　(b) 有保护接地－IT 系统

2. 对地电压限制　根据以上的分析，中性点不接地电网的绝缘性能显著下降时危险性更大，即使在低压不接地配电网中，也必须采取防止间接接触电击的措施。这种情况下最常用的安全措施是保护接地，即把在故障情况下可能出现危险的对地电压的导电部分(外壳)同大地紧密地连接起来的接地。

图 5－2(b)表示设备上装有保护接地，构成 IT 系统。在这种情况下，当外壳故障带电时，保护接地电阻 R_b 与人体电阻 R_r 处在并联状态。由于 R_b 比 R_r 小得多，并联后的阻值与 R_b 近似相等。应用同样方法可求得设备金属外壳对地电压(即人体可能承受的电压)和流过人体的电流为

$$U_d = 3UR_b / |3R_b + Z|$$

$$I_d = U_d / R_r = 3UR_b / |3R_b + Z| R_r$$

如果对地绝缘电阻可看作无限大，则以上两式可简化为：

$$U_d = 3UR_b\omega C$$

$$I_d = 3UR_b\omega C / R_r$$

对于前面列举的例子，如有保护接地，且 $R_b = 4\ \Omega$，其他条件不变，可求得漏电设备对地电压为 0.44 V、流过人体的电流为 0.22 mA。显然，这一电流不会对人身构成危险。这就是说，保护接地的作用是当设备金属外壳意外带电时，其对地电压限制了很多，减少或消除了电击的危险。

二、保护接地应用范围

各种不接地配电网均采用保护接地，包括低压不接地配电网(如井下配电网)

和高压不接地配电网，还包括不接地直流配电网。在这些电网中，凡由于损坏或其他带危险电压的正常不带电金属部分，除另有规定外，均应接地。应当接地的具体部位是：

1. 电动机、变压器、开关设备、照明器具、移动式电气设备的金属外壳或金属构架。

2. OI类和I类电动工具或民用电器的金属外壳。

3. 配电装置的金属构架、控制台的金属框架及靠近带电部分的金属遮拦和金属门。

4. 配线的金属管。

5. 电气设备的传动装置。

6. 电缆金属接头盒、金属外皮和金属支架。

7. 架空线路的金属杆塔。

8. 电压互感器和电流互感器的二次线圈。

直接安装在已接地金属底座、框架、支架等设施上的电气设备的金属外壳一般不必另行接地；有木质、沥青等高阻导电地面，无裸露接地导体，而且干燥的房间，额定电压交流 380 V 和直流 440 V 及以上的电气设备的金属外壳一般也不必接地；安装在木结构或木杆塔上的电气设备的金属外壳一般也不必接地。

三、接地电阻允许值

因为故障对地电压等于故障接地电流与接地电阻的乘积，所以，各种保护接地电阻不得超过规定的限值。对于工厂系统的低压配电网，由于分布电容很小，单相故障接地电流也很小，限制电气设备的保护接地电阻不超过 4 Ω 即能将其故障时对地电压限制在安全范围以内；若配电容量在 100 kV · A 以下，由于配电网分布范围很小，单相故障接地电流更小，限制电气设备的保护接地电阻不超过 10 Ω 即可满足安全要求。在高压配电网中，由于接地故障电流比低压配电网的大得多，将故障电压限制在安全范围以内是难以实现的。因此，对高压电气设备规定了较高的保护接地电阻允许值，并限制故障持续时间。各种保护接地电阻允许值见表 5-1。在高土壤电阻率地区，接地电阻允许适当提高，但必须符合专业标准。

在高土壤电阻率地区，可采用外引接地法、接地体延长法、深埋法、换土法、土壤化学处理法以及网络接地法来降低接地电阻。外引接地法是引出接地线与埋在水井内、湖边或大树下等低土壤电阻率处接地体相连。深埋法是避开地表高电阻层，将接地体埋在更深的地下。换土法是用大量低电阻率的土壤替换高电阻率的沙砾或土石。化学处理法是应用氯化钠、氯化钙、氧化锌渣、木炭、黏土等或专门配制的化学减阻剂填入接地体周围以降低接地电阻；采用固体减阻材料时，可根据需要预先做好加水设施。网络接地法是采用网络状接地体等限制故障时地面各点之间的电位，以减小电击的危险性。

表 5－1　保护接地电阻允许值

设 备 类 别		接地电阻(Ω)	备　注
低压电气设备		4	电源容量≥100 kV·A
		10	电源容量<100 kV·A
高压电气设备	小接地短路电流系统	$120/I_d$	与低压共用接地装置
		$250/I_d$	高压单独接地
	大接地短路电流系统	$2\ 000/I_d$	$I_d \leqslant 4\ 000$ A
		0.5	$I_d > 4\ 000$ A

注：I_d为接地电流或接地短路电流。

在不接地配电网中，即使每一用电设备都有合格的保护接地，但各自的接地装置是互相独立的，情况又如何呢？如图 5－3 所示，当发生双重故障，两台设备不同相漏电时，两台设备之间的电压为线电压，两台设备对地电压分别为：

$$U_{E1}=\frac{\sqrt{3}UR_{A1}}{R_{A1}+R_{A2}} \qquad U_{E2}=\frac{\sqrt{3}UR_{A2}}{R_{A1}+R_{A2}}$$

式中，U 为相电压；R_{A1} 和 R_{A2} 分别为两台设备的保护接地电阻。这两个电压都能给人以致命的电击。这种状态是十分危险的。如果像图中虚线那样，进行等电位连接，即将两台设备接在一起（或将其接地装置联成整体），则在双重故障的情况下，相同短路电流将促使短路保护装置动作，迅速切断两台设备或其中一台设备的电源，以保证安全。如确有困难，不能实现等电位连接，则应安装漏电保护装置。

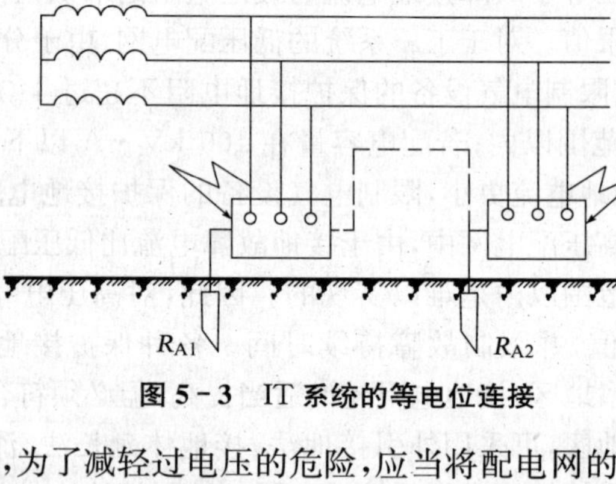

图 5－3　IT 系统的等电位连接

在 IT 系统中，为了减轻过电压的危险，应当将配电网的低压中性点经击穿保险器接地，为了减轻单相故障接地的危险，配电网应装设能发出声、光双重信号绝缘监视装置。

第二节　TT 系统

TT 系统指在三相四线制配电网中电源中性点直接接地且将电气设备的金属

外壳接地的保护系统，称为保护接地系统。第一个符号“T”表示电力系统中性点直接接地；第二个符号“T”表示负载设备外露不与带电体相接的金属导电部分与大地直接连接，第一个 T 接地和后一个 T 接地（或分散的多个接地）之间是没有金属相连的。在 TT 系统中负载的所有接地均称为保护接地，如图 5－4 所示。

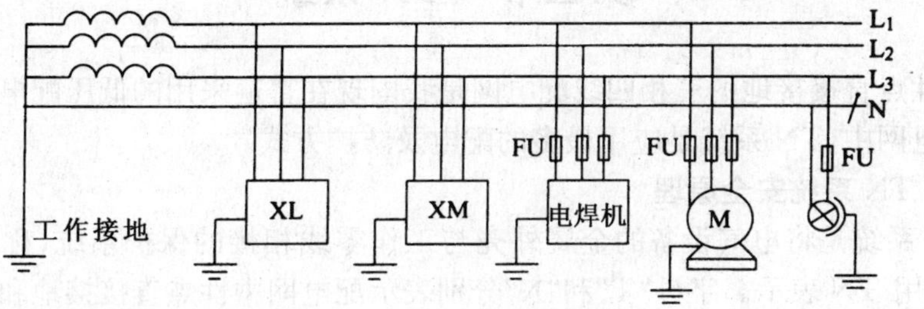

图 5－4　TT 系统的线路图

一、TT 系统限压原理

TT 低压配电形式就是俗称的三相四线配电网。如图 5－5 所示，在 TT 系统中，当某一相线直接连接设备金属外壳时，其对地电压为：

$$U_E=\frac{R_A}{R_N+R_A}U$$

式中，R_N 为工作接地的接地电阻。该电压低于相电压，但由于 R_A 与 R_N 同在一个数量级，所以几乎不可能被限制在安全范围内。对于一般过程的电流保护，实现速断是不可能的。因此，一般情况下不能采用 TT 系统。若确有困难，不得不采用 TT 系统，则必须将故障持续时间限制在 5 秒以内。

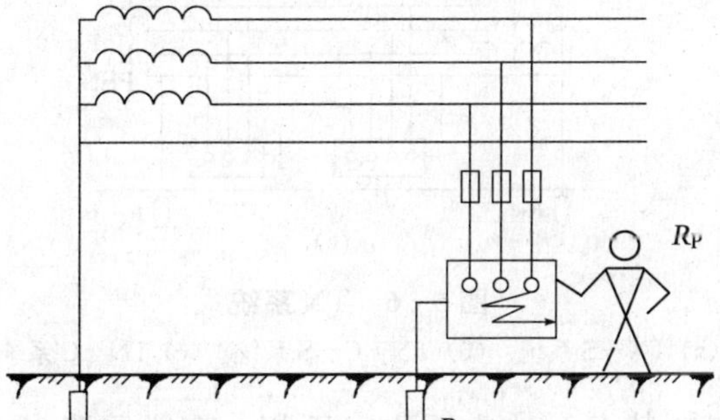

图 5－5　TT 系统原理图

二、TT 系统特点

（1）当电气设备的金属外壳带电（相线碰壳或设备绝缘损坏而漏电）时，由于有接地保护，可以大大减少触电的危险性。但是，低压断路器（自动开关）不一定能跳闸，造成漏电设备的外壳对地电压高于安全电压，属于危险电压。

(2) 当漏电电流比较小时，即使有熔断器也不一定能熔断，所以还需要漏电保护器作保护，因此 TT 系统难以推广。

(3) TT 系统接地装置耗用钢材多，而且难以回收、费工时、费料。

第三节　TN 系统

中性点直接接地的三相四线配电网是我国现在普遍采用的低压配电形式。在这种配电网中，TN 系统是应用最多的配电及防护方式。

一、TN 系统安全原理

TN 系统是将电气设备的金属外壳与工作零线相接的保护系统，称作接零保护系统，用 TN 表示。字母“T”和“N”分别表示配电网中性点直接接地和电气设备金属外壳接零。设备金属外壳与零线连接的方式称保护接零。典型的 TN 系统见图 5－6。在这种系统中，当某一相线直接连接设备金属外壳时，即形成单相短路。短路电流促使线路上的短路保护装置迅速动作，在规定时间内将故障设备断开电源，消除电击危险。

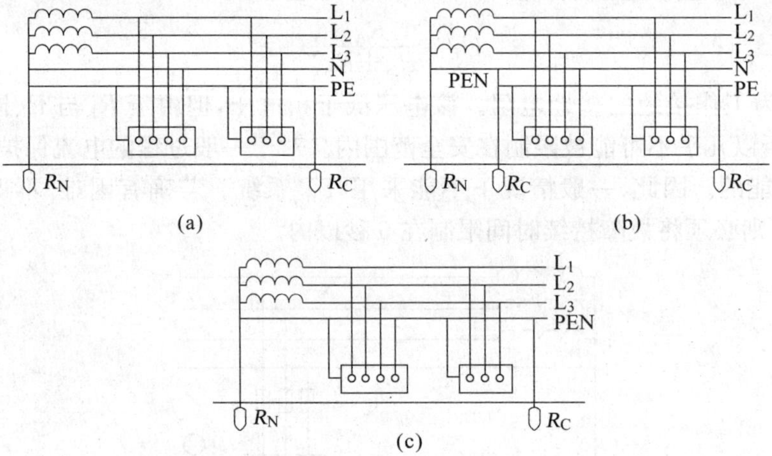

图 5－6　TN 系统

(a) TN－S 系统　(b) TN－C－S 系统　(c) TN－C 系统

设备断开电源前，其上对地电压决定于相—零线回路（L—PE 线回路）的特征，其大小为：

$$U_E = \left| \frac{Z_{PE}}{Z_L + Z_E + Z_T + Z_{PE}} \right| U$$

式中，Z_{PE}——回路中包括 PE 线和 PEN 线的全部保护线阻抗；Z_L——相线阻抗；Z_E——相线上电气元件的阻抗；Z_T——变压器计算阻抗。

若上列阻抗值难以确定，预期接触电压可按下式近似计算

$$U_E=K\frac{m}{1+m}U$$

式中，m——保护零线电阻与相线电阻之比，即 $m=\frac{R_{PE}}{R_L}$；K——计算系数，有总等电位连接时取 $K=0.6\sim1$。

应当指出，这样依靠回路阻抗分压，将漏电设备故障对地电压限制在安全范围以内一般是不可能的。例如，当 $U=220$ V、$m=1$ 时，U_E 为 66～110 V；当 $U=220$ V、$m=2$ 时，U_E 为 88～147 V。这些电压都远远超过安全电压。由此可知，故障时迅速切断电源是保护接零第一位的安全作用，而降低漏电设备对地电压是起第二位的安全作用。

二、TN 系统种类及应用

保护接零适用于电压 0.23～0.4 kV 低压中性点直接接地的三相四线配电系统。应接保护导体部位与保护接地相同。

TN 方式供电系统中，根据其保护零线是否与工作零线分开而划分为 TN—S 系统、TN—C—S 系统和 TN—C 系统三种类型，如图 5-6 所示。

TN—S 系统是有专用保护零线(PE 线)，即保护零线与工作零线(N 线)完全分开的系统。爆炸危险性较大或安全要求较高的场所应采用 TN—S 系统；有独立附设变电站的车间宜采用 TN—S 系统。TN—C—S 系统是干线部分保护零线与工作零线前部共用(构成 PEN 线)，后部分开的系统。厂区设有变电站、低电进线的车间以及民用楼房可采用 TN—C—S 系统。TN—C 系统是干线部分保护零线与工作零线完全共用的系统，用于无爆炸危险和安全条件较好的场所。

由同一台变压器供电的配电网中，不允许一部分电气设备采用保护接地而另一部分电气设备采用保护接零，即一般不允许同时采用 TN 系统和 TT 系统的混合运行方式。图 5-7 表示的就是这种系统。在这种情况下，当接地的设备相线碰连金属外壳时，该设备和零线(包括所有接零设备)将带有如下危险的对地电压：

$$U_E=\frac{R_A}{R_N+R_A}U \qquad U_{PE}=U-U_E=\frac{R_N}{R_N+R_A}U$$

这两个电压都可能给人以致命的电击。而且，由于故障电流是不太大的接地电流，一般的过电流保护不能实现速断，危险状态将长时间存在。因此，这种混合运行方式一般是不允许的。

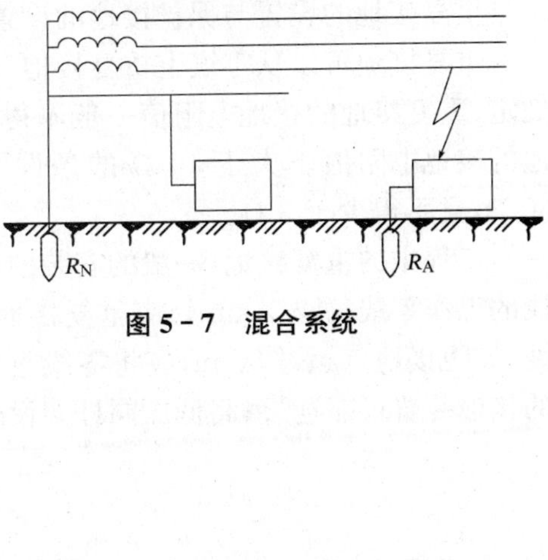

图 5-7　混合系统

三、采用保护接零的条件

中性点直接接地的电网中，采用保护接零时，必须满足以下条件：

(1) 任何时候都应保证工作零线和保护零线的畅通。

(2) 中性点直接可靠接地，工作接地电阻应不大于 4 Ω。

(3) 工作零线、保护零线应可靠重复接地，重复接地的接地电阻应不大于 10 Ω，重复接地的次数应不小于 3 次。

(4) 保护零线和工作零线(单相用电设备除外)不得装设熔断器或断路器。

(5) 在相线截面积大于 25 mm^2时，三相四线或五线供电线路的工作零线和保护零线的截面不得小于相应线路相线截面的 1/2，并必须具有足够的机械强度和热稳定性。

(6) 为了保证漏电时能产生足够大的单相短路电流，使保护装置动作，线路阻抗不宜太大。因此，要求单相短路电流不得小于线路熔断器熔体额定电流的 4 倍，或者不得小于线路中低压断路器瞬时或短延时动作电流的 1.5 倍。

(7) 保护接零系统中，不允许有些电气设备采用保护接地。

四、重复接地及要求

TN 系统中，保护中性导体上一处或多处通过接地装置与大地再次连接的接地，称为重复接地。图 5 - 8 中的 R_C 即重复接地。

采用保护接零后的工作零线负担很重，一是作为单相负荷电流的一个通路，二是又要用来保护电气安全，并要通过故障电流。这也是三相四线制供电方式的缺陷。因此要求零线的设置必须安全可靠，机械性能和电气性能必须良好。为了保证上述条件的实现，工作零线必须设置保护，这个保护就是设置重复接地。在保护接零电网中，重复接地起着降低漏电设备对地电压，减弱零线断线触电的危险，缩短切除故障时间和改善防雷性能等方面的作用。

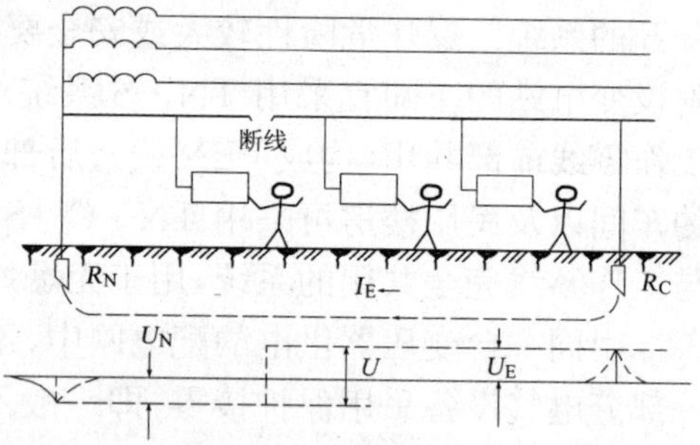

图 5 - 8　重复接地

重复接地的设置与保护接地的设置基本相同，由接地体和接地线组成。

重复接地可以从零线上重复接地，也可从接零的金属外壳上重复接地。根据规定，重复接地的接地电阻值一般不得大于 10 Ω，如在电力变压器低压侧工作接地的接地电阻值不大于 10 Ω 的条件下，每一重复接地的接地电阻值不得大于 30 Ω，且不得少于 3 Ω。

工程中的重复接地，一般的安装的方法是：架空线路的干线和分支终端及其沿线的工作零线每隔 1 km 处应重复接地；电缆或架空线在引入车间或大型建筑物处，如距接地点超过 50 m，应将零线重复接地，或在室内将零线与配电屏、控制屏的接地装置可靠连接；高低压同杆架设时，在其终端杆处应将低压的工作零线重复接地；低压电源进户处应将工作零线和保护零线重复接地。用金属外皮做零线的低压电缆应重复接地；车间内部宜采用环路式重复接地，并且零线与接地装置至少有两处连接，进线点一处，离进线处最远点一处。当周长超过 400 m 时，每 200 m 应有一处接地。

五、工作接地

为了电路或设备运行的要求将变压器低压中性点接地，该接地称为工作接地或配电系统接地。

工作接地的作用是保持系统电位的稳定性，即减轻低压系统由高压窜入低压等原因所产生过电压的危险性。若没有工作接地，则当 10 kV 的高压窜入低压系统时，低压系统的对地电压上升到 5 800 V 左右。

当配电网一相故障接地时，工作接地也有抑制电压升高的作用。若没有工作接地，发生一相接地故障时，中性线对地电压可上升到接近相电压，另两相对地电压可上升到接近线电压（在特殊情况下达到更高的数值）。若有工作接地，由于接地故障电流经工作接地构成回路，对地电压的“漂移”受到抑制（参见图 5－9），在线电压为0.4 kV的配电网中，中性线对地电压一般不超过 50 V，另两相对地电压一般不超过 250 V。

工作接地与变压器外壳的接地、避雷针的接地是共用的，并称为“三位一体”接地。其接地电阻应根据计算三者中接地电阻最小值来实施。

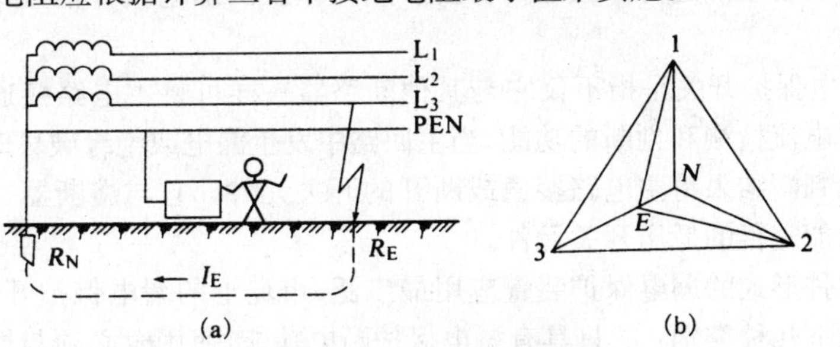

图 5－9　接地电网电压漂移图

(a) 单相接地图　(b) 电压漂移图

第四节　漏电保护装置

漏电保护装置（漏电开关、漏电继电器、触电保安器）又称为剩余电流保护装置（RCD），是一种低压安全保护电器，将其安装在低压电路中，当发生漏电和触电时，且达到保护装置所限定的动作电流值时，就立即在限定的时间内动作自动断开电源进行保护。其作用有：

(1) 用于防止由漏电引起的单相电击事故。

(2) 用于防止由漏电引起的火灾和设备烧毁事故。

(3) 用于检测和切断各种一相接地故障。

(4) 有的漏电保护装置与过载、过压、欠压、短路和缺相保护等组合在一个电器内。

一、漏电保护装置的分类

剩余电流动作保护器的分类有多种划分方法，按检测信号分，可分为电压型和电流型；按放大机构分，可分为电子式和电磁式；按级数分，可分为单级、二级、三级和四级；按相数分，可分为单相和三相；按漏电动作电流分，可分为高灵敏度、中灵敏度和低灵敏度；按动作时间分，可分为快速型、定时限型和反时限型。这里主要按其保护功能和用途分类进行叙述，一般可分为漏电保护继电器、漏电保护开关和漏电保护插座三种。

(1) 漏电保护继电器是指具有对漏电流检测和判断的功能，而本身不具有切断和接通主回路功能的漏电保护装置。漏电保护继电器由零序互感器、脱扣器和输出信号的辅助接点组成。它可与大电流的自动开关配合，作为低压电网的总保护或主干路的漏电、接地或绝缘监视保护。

当主回路有漏电流时，由于辅助接点和主回路开关的分离脱扣器串联成一回路。因此辅助接点接通分离脱扣器而断开空气开关、交流接触器等，使其掉闸，切断主回路。辅助接点也可以接通声、光信号装置，发出漏电报警信号，反映线路的绝缘状况。

(2) 漏电保护开关是指不仅它与其他断路器一样可将主电路接通或断开，而且具有对漏电流检测和判断的功能，当主回路中发生漏电或绝缘破坏时，漏电保护开关可根据判断结果将主电路接通或断开的开关元件。它与熔断器、热继电器配合可构成功能完善的低压开关元件。

目前这种形式的漏电保护装置应用最广泛，市场上的漏电保护开关根据功能常用的有以下几种类别：① 只具有漏电保护断电功能，使用时必须与熔断器、热继电器、过流继电器等保护元件配合。② 同时具有过载保护功能。③ 同时具有过载、短路保护功能。④ 同时具有短保护功能。⑤ 同时具有短路、过负荷、漏电、过压、欠压保护功能。

(3) 漏电保护插座是指具有对漏电流检测和判断并能切断回路的电源插座。其额定电流一般为 20 A 以下，漏电动作电流为 6～30 mA，灵敏度较高，常用于手持式电动工具和移动式电气设备的保护及家庭、学校等民用场所。

二、漏电保护装置的工作原理

RCD 有电压动作型和电流动作型，电压动作型漏电保护器由于其在原理、结构和实际使用中存在不足，国际上早已淘汰，我国在 20 世纪 70 年代已停止使用，这里不再述其原理。通常所说的 RCD 均是指电流动作型的剩余电流动作保护器，它适用于电源(变压器)中性点接地系统,即 TT 和 TN 系统,也适用于对地电容较集中的一些中性点不接地的 IT 系统。

1. 漏电保护装置的组成　图 5-10 是漏电保护装置的组成方块图,其构成主要有三个基本环节,即检测元件、中间环节(包括放大元件和比较元件)和执行机构。其次,还具有辅助电源和试验装置。

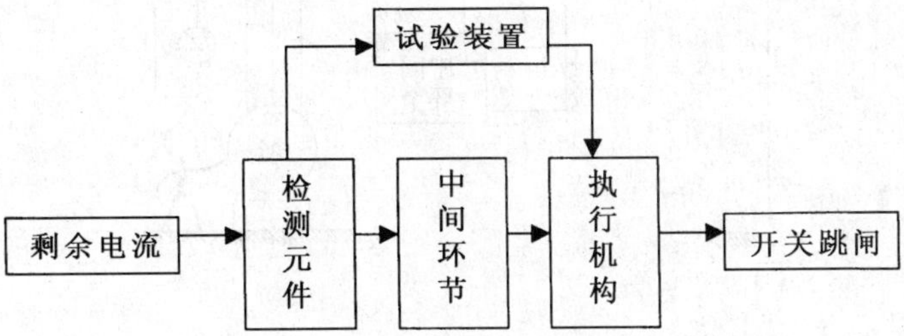

图 5-10　漏电保护装置的组成方块图

(1) 检测元件:它是一个零序电流互感器,如图 5-11 所示。图中,被保护主电路的相线和中性线穿过环行铁芯构成了互感器的一次线圈 N_1,均匀缠绕在环行铁芯上的绕组构成了互感器的二次线圈 N_2。检测元件的作用是将漏电电流信号转换为电压或功率信号输出给中间环节。

(2) 中间环节:其功能是对检测到的漏电信号进行处理。中间环节通常包括放大器、比较器、脱扣器(或继电器)等。不同型式的漏电保护装置在中间环节的具体构成上形式各异。

(3) 执行机构:该机构用于接收中间环节的指令信号,实施动作,自动切断故障处的电源。执行机构多为带有分励脱扣器的自动开关或交流接触器。

(4) 辅助电源:当中间环节为电子式时,辅助电源的作用是提供电子电路工作所需的低压电源。

(5) 试验装置:这是对运行中的漏电保护装置进行定期检查时所使用的装置。通常是用一只限流电阻和检查按钮相串联的支路来模拟漏电的路径,以检验装置能否正常动作。

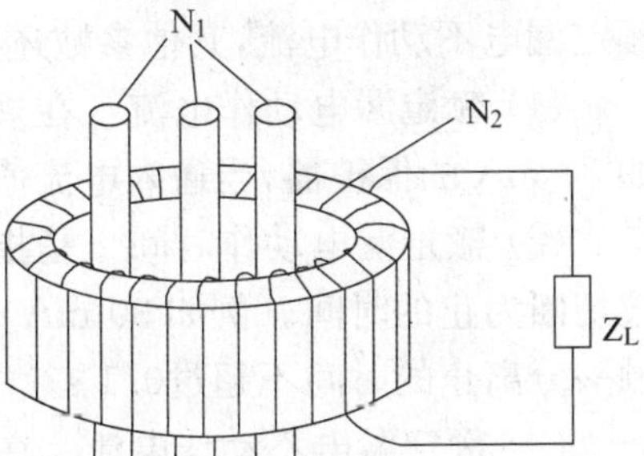

图 5-11　漏电电流互感器

2. 漏电保护装置的工作原理　图 5-12 是某三相四线制供电系统的漏电保护电气原理图。图中 TA 为零序电流互感器,TL 为主开关 GF 的分励脱扣器线圈。在被保护电路工作正常、没有发生漏电或触电的情况下,由基尔霍夫定律可知,通过 TA 一次侧电流的相量和等于零,即 $\dot{I}_{L_1}+\dot{I}_{L_2}+\dot{I}_{L_3}+\dot{I}_N=0$。此时,TA 二次侧不产生感应电动势，漏电保护装置不动作，系统保持正常供电。

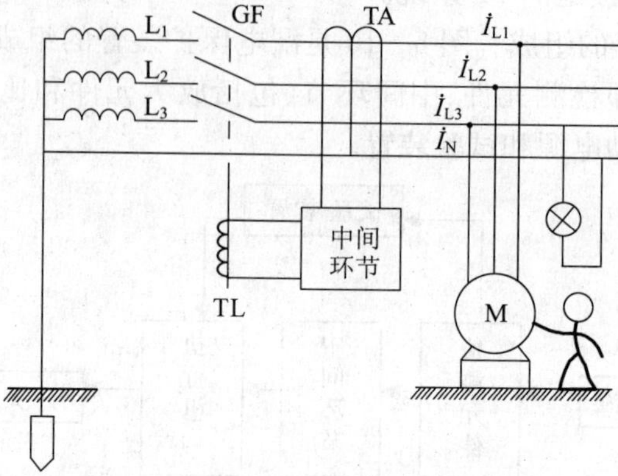

图 5-12　漏电保护电气原理

当被保护电路发生漏电或有人触电时，由于漏电电流的存在，通过 TA 一次侧各相负荷电流的相量和不再等于零，即 $\dot{I}_{L_1}+\dot{I}_{L_2}+\dot{I}_{L_3}+\dot{I}_N\neq 0$ 产生了剩余电流，TA 二次侧线圈就有感应电动势产生，此信号经中间环节进行处理和比较，当达到预定值时，使主开关分励脱扣器线圈 TL 通电，驱动主开关 GF 自动跳闸，迅速切断被保护电路的供电电源，从而实现保护。

三、漏电保护器的主要技术参数

漏电保护器的主要动作性能参数有：额定漏电动作电流、额定漏电动作时间、额定漏电不动作电流，其他参数还有：电源频率、额定电压、额定电流等。

(1) 额定漏电动作电流　在规定的条件下，使漏电保护器动作的电流值。例如 30 mA 的保护器，当通入电流值达到 30 mA 时，保护器即动作，断开电源。

(2) 额定漏电动作时间　是指从突然施加额定漏电动作电流起，到保护电路被切断为止的时间。例如 30 mA×0.1 s 的保护器，从电流值达到 30 mA 起，到主触头分离止的时间不超过0.1 s。

(3) 额定漏电不动作电流　在规定的条件下，漏电保护器不动作的电流值，一般应选漏电动作电流值的二分之一。例如漏电动作电流为 30 mA 的漏电保护器，在电流值达到 15 mA 以下时，保护器不应动作，否则因灵敏度太高容易误动作，影响用电设备的正常运行。

(4) 其他参数　如电源频率、额定电压、额定电流等，在选用漏电保护器时，应与所使用的线路和用电设备相适应。

漏电保护器的工作电压要适应电网正常波动范围额定电压，若波动太大，会影响保护器正常工作，尤其是电子产品，电源电压低于保护器额定工作电压时会拒动作。

漏电保护器的额定工作电流也要和回路中的实际电流一致，若实际工作电流大于保护器的额定电流时，会造成过载和使保护器误动作。

四、漏电保护器的选用

国家为了规范漏电保护器的正确使用，相继颁布了《漏电保护器安全监察规定》（劳安字（1999）16 号）和《漏电保护器安装与运行》（GB13955－92）等一系列标准和规定。依据这些标准和规定，我们在选用漏电保护器时应遵循以下主要原则：

（1）购买漏电保护器时应购买具有生产资质的厂家产品，且产品质量检测合格。

（2）应根据保护范围、人身设备安全和环境要求确定漏电保护器的电源电压、工作电流、漏电电流及动作时间等参数。

（3）电源采用漏电保护器做分级保护时，应满足上、下级开关动作的选择性。一般上一级漏电保护器的额定漏电电流不小于下一级漏电保护器的额定漏电电流，这样既可以灵敏地保护人身和设备安全，又能避免越级跳闸，缩小事故检查范围。

（4）固定线路的用电设备和正常生产作业场所，应选用带漏电保护器的动力配电箱。临时使用的小型电器设备，应选用漏电保护插头（座）或带漏电保护器的插座箱。

（5）漏电保护器作为直接接触防护的补充保护时（不能作为唯一的直接接触保护），应选用高灵敏度、快速动作型漏电保护器。

一般环境选择动作电流不超过 30 mA，动作时间不超过 0.1 s，这两个参数保证了人体如果触电时，不会使触电者产生病理性生理危险效应。在浴室、游泳池等场所漏电保护器的额定动作电流不宜超过 10 mA。在触电后可能导致二次事故的场合，如公共场所的通道照明、应急照明、消防设备的电源、用于防盗报警的电源等，应选用报警式漏电保护器接通声、光报警信号，通知管理人员及时处理故障。

五、漏电保护器的安装

漏电保护装置的防护类型和安装方式应与环境条件和使用条件相适应。有金属外壳的Ⅰ类移动式电气设备和手持电动工具、安装在潮湿或强腐蚀等恶劣场所的电气设备、建筑施工工地的电气施工机械设备、临时性电气设备、宾馆类的客房内的插座、触电危险性较大的民用建筑物内的插座、游泳池或浴池类场所的水中照明设备、安装在水中的供电线路和电气设备，以及医院直接接触人体的电气医用设备（胸腔手术室的除外）等均应安装漏电保护装置。

对于公共场所通道照明和应急照明的电源、消防电梯及确保公共场所安全的电气设备、消防设备电源、用于防盗报警的电源，以及其他不允许突然停电的场所或电气装置的电源，在这些情况下，应装设不切断电源的漏电报警装置。

从防止电击的角度考虑，使用安全电压供电的电气设备、具有双重绝缘或加强绝缘结构的电气设备、使用隔离变压器供电的电气设备、采用不接地局部等电位连接措施的场所中使用的电气设备，以及其他没有漏电危险和电击危险的电气设备可以不安装漏电保护装置。

漏电保护器的安装除应遵守常规的电气设备安装规程外，还应注意以下几点：

(1) 漏电保护器的安装应符合生产厂家产品说明书的要求。安装漏电保护装置前，应仔细检查其外壳、铭牌、接线端子、试验按钮、合格证等是否完好。

(2) 标有电源侧和负荷侧的漏电保护器不得接反。如果接反，会导致电子式漏电保护器的脱扣线圈无法随电源切断而断电，以致长时间通电而烧毁。

(3) 安装漏电保护器不得拆除或放弃原有的安全防护措施，漏电保护只能作为电气安全防护系统中的附加保护措施。

(4) 安装漏电保护器时，必须严格区分中性线和保护线。使用三极四线式和四极四线式漏电保护器时，中性线应接入漏电保护器。经过漏电保护器的中性线不得作为保护线。

(5) 工作零线不得在漏电保护器负荷侧重复接地，否则漏电保护器不能正常工作。

(6) 采用漏电保护器的支路，其工作零线只能作为本回路的零线，禁止与其他回路工作零线相连，其他线路或设备也不能借用已采用漏电保护器后的线路或设备的工作零线。

(7) 安装带有短路保护的漏电开关，必须保证在电弧喷出方向留有足够的飞弧距离。漏电保护装置不宜装在机械振动大或交变磁场强的位置。安装漏电保护装置应考虑到水、尘等因素的危害，采取必要的防护措施。

(8) 组合式漏电保护器外部连接的控制回路，应使用铜导线，其截面积不应小于 $1.5\ mm^2$。

(9) 漏电保护器的安装必须由经技术培训考核合格的电工负责进行。

(10) 安装完成后，要按照《建筑电气工程施工质量验收规范》(GB50303－2003)3.1.6 条款，即“动力和照明工程的漏电保护器应做模拟动作试验”的要求，对完工的漏电保护器进行试验，以保证其灵敏度和可靠性。试验时可操作试验按钮三次，带负荷分合三次，确认动作正确无误，方可正式投入使用。

六、漏电保护器的运行和维护

漏电保护器的安全运行要靠一套行之有效的管理制度和措施来保证。除了做好定期的维护外，还应定期对漏电保护器的动作特性(包括漏电动作值及动作时间、漏电不动作电流值等)进行试验，做好检测记录，并与安装初始时的数值相比较，判断其质量是否有变化。

运行中的漏电保护装置外壳各部及其上的部件、连接端子应保持清洁、完好无损。连接应牢固，端子不应变色。漏电保护开关操作手柄灵活、可靠。

在使用中要按照使用说明书的要求使用漏电保护器，并按规定每月检查一次，即操作漏电保护器按钮，检查其是否能正常断开电源。在检查时应注意操作试验按钮的时间不能太长，一般以点动为宜，次数也不能太多，以免烧毁内部元件。

漏电保护器在使用中发生跳闸，经检查未发现开关动作原因时，允许试送电一次，如果再次跳闸，应查明原因，找出故障，不得连续强行送电。

运行中漏电保护装置外壳胶木件最高温度不得超过 65 ℃，外壳金属件最高温度不得超过 55 ℃。保护装置一次电路各部分的绝缘电阻不得低于 1.5 MΩ。

漏电保护器一旦损坏不能使用时，应立即请专业电工进行检查或更换。如果漏电保护器发生误动作和拒动作，其原因一方面是由漏电保护器本身引起，另一方面是来自线路的原因，应认真地具体分析，不要私自拆卸和调整漏电保护器的内部器件。

七、误动作和拒动作

误动作是指线路或设备未发生预期的触电或漏电时漏电保护装置的动作；拒动作是指线路或设备已发生预期的触电或漏电时漏电保护装置拒绝动作。误动作和拒动作是影响漏电保护装置正常投入运行，充分发挥作用的主要问题之一。

1. 误动作的主要原因及分析如下：

(1) 接线错误　例如，在 TN 系统中，如 N 线未与相线一起穿过保护器，一旦三相不平衡，保护器即发生误动作；保护器后方的零线与其他零线连接或接地，或保护器后方的相线与其他支路的同相相线连接，或负荷跨接在保护器电源侧和负载侧，则接通负载时，也可能造成保护器误动作。

(2) 绝缘恶化　保护器后方一相或两相对地绝缘破坏，或对地绝缘不对称降低，都将产生不平衡的泄漏电流，导致保护器误动作。

(3) 冲击过电压　迅速分断低压感性负载时，可能产生 20 倍额定电压的冲击，冲击过电压将产生较大的不平衡冲击泄漏电流，导致快速型漏电保护装置误动作。

(4) 不同步合闸　不同步合闸时，首先合闸的一相可能产生足够大的泄漏电流，使保护器误动作。

(5) 大型设备启动　大型设备的堵转电流很大，如保护器内零序电流互感器的平衡特性不好，则启动时互感器一次线圈的漏磁可能造成误动作。

(6) 偏离使用条件　环境温度、相对湿度、机械振动等超过保护器设计条件时可造成其误动作。

(7) 保护器质量低劣　由于零件质量不高或装配质量不高均会降低保护器的可靠性和稳定性，并导致误动作。

(8) 附加磁场　如果保护屏蔽不好，或附近装有流经大电流的导体，或装有磁性元件或较大的导磁体，均可能在互感器铁芯中产生附加磁通导致误动作。

2. 拒动作比误动作少见，但造成的危险性更大，拒动作的主要原因及分析如下：

(1) 接线错误　用电设备外壳上的保护线(PE 线)接入保护器将导致设备漏电时拒动作。

(2) 动作电流选择不当　保护器动作电流选择过大或整定过大将造成保护器拒动作。

(3) 产品质量低劣　互感器二次回路断路、脱扣及元件粘连等质量缺陷可造成保护器拒动作。

(4) 线路绝缘阻抗降低或线路太长　由于部分电击电流不沿配电网工作接地或保护器前方的绝缘阻抗而沿保护器后方的绝缘阻抗流经保护器返回电源，将导致保护器拒动作。

第五节　接地装置和接零装置

接地装置由接地体和接地线组成。接零装置由接地装置和保护零线网(不包括工作零线)组成。

一、接地体

1. 自然接地体　在有条件的地方，应优先考虑利用自然接地体。采用自然接地体可节约钢材，节省费用，还可降低接地电阻。

凡与大地有可靠接触的金属导体，除有规定外，均可作为自然接地体。例如：

(1) 埋设在地下的金属管道(流经可燃或爆炸性物质的管道除外)。

(2) 金属井管。

(3) 与大地有可靠连接的建筑物及构筑物的金属结构。

(4) 水中构筑物的金属桩。

(5) 直接埋地的电缆金属外皮(铝皮除外)。

因为直流电流有比较强烈的腐蚀作用，所以一般不采用自然导体作为载流的直流接地体。当接地体不能满足要求时，应装设人工接地体。但发电厂和变电所及爆炸危险场所必须装设人工接地体。

利用自然、人工两种接地体时，需设置将自然接地体与人工接地体分开的接地电阻测量点。

2. 人工接地体　人工接地体多采用钢管、角钢、扁钢、圆钢或废钢铁制成。接地体宜垂直埋设。

垂直埋设的接地体常用直径为 40～50 mm 的钢管或 40 mm×40 mm×4 mm～50 mm×50 mm×5 mm 的角钢。接地体长度以 2.5 m 左右为宜。垂直打入深约0.8 m的沟内。见图 5－13，其根数的多少及排列布置方式由接地电阻值决定，可以成排布置，也可以作环形布置或放射形布置。相邻钢管或角钢之间的距离以不超过 3～5 m 为宜。钢管或角钢上端用扁钢或圆钢连接成一个整体。常用的接地体垂直排列布置方式见图 5－14。

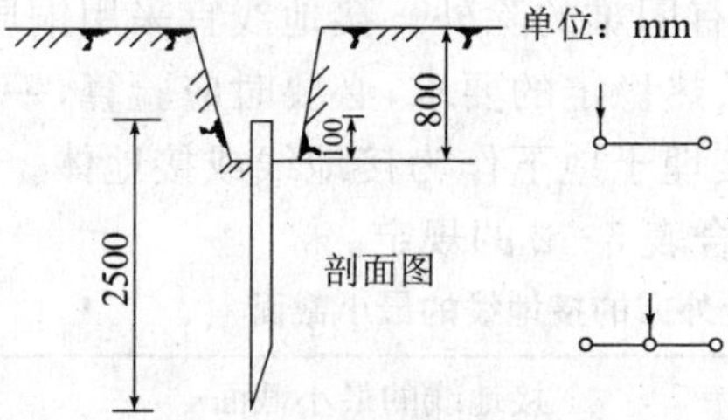

图 5-13　垂直接地体的设置

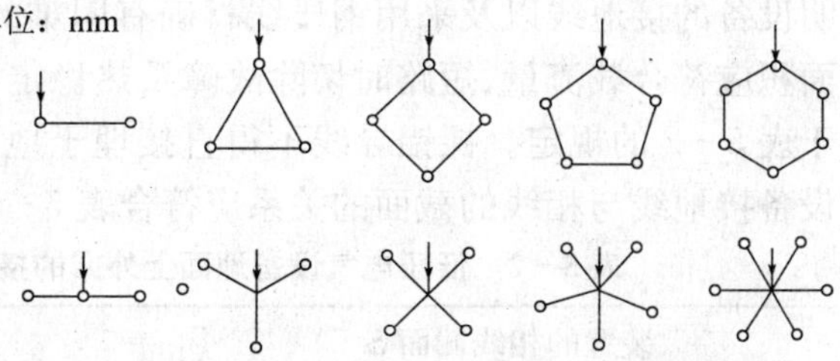

图 5-14　垂直接地体的布置

在多岩石且不易垂直布置的地区，接地体可水平敷设，一般采用 40 mm×4 mm～50 mm×5 mm 镀锌扁钢或直径为 16～20 mm 的镀锌圆钢，埋设在深 0.8 m的沟内，其布置排列图形及长度由接地电阻值决定，常用的水平排列布置图形见图 5-15。

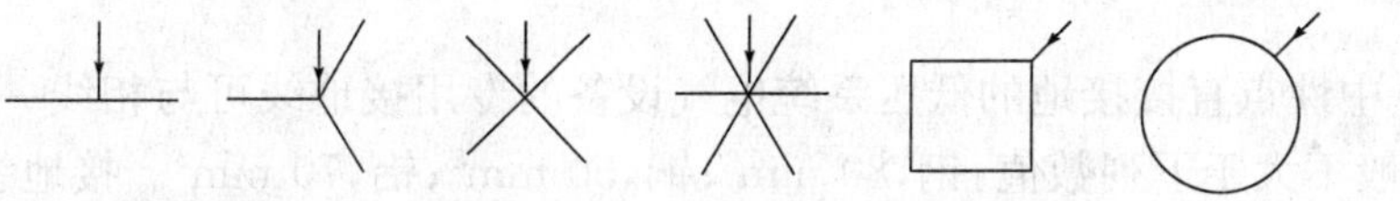

图 5-15　水平接地体的布置

二、接地线和接零线

1. 接地线和接零线均可利用自然导体，用于 1 000 V以下的电气设备。

(1) 建筑物梁、柱子和桁架等的金属结构。

(2) 生产用的行车轨道、配电装置外壳、设备的金属构架等金属结构。

(3) 配线的钢管。

(4) 电缆的铅、铝包皮。

(5) 上下水管、暖气管等各种金属管道(流经可燃或爆炸性物质的除外)。

2. 如果车间电气设备较多，宜敷设接地干线或接零干线。两者的区别在于前者只与接地体连接，而后者除与接地体连接外还与电源变压器低压中性点连接，如图5-16所示。各电气设备分别与接地干线(或接零干线)连接、而接地干线(或接零干线)与接地体连接。接地干线宜采用 15 mm×4 mm～40 mm×4 mm扁钢沿车间四周敷设，离地面高度应保持在 200～250 mm 以上，与墙之间保持 15 mm 以上的距离。

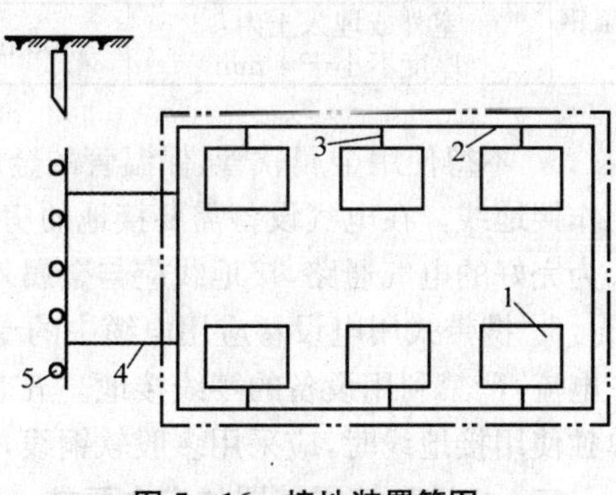

图 5-16　接地装置简图

1—设备；2—接地干线(或接零干线)；3—接地支线(或接零支线)；4—接地体连接线；5—接地体

3. 一般接地线为钢质的。移动式电气设备的接地线、三相四线或三相五线照明设备的接地线以及采用钢质线材确有困难的除外。接地线宜采用铜质的，但截面积应符合载流量、短路时切除故障及热稳定的要求，必要时应验算，一般不应小于表 5－2 的规定。裸铝导线不得直接埋于地下作为接地线或接地体。低压电气设备接地线与相线的截面的关系应符合表 5－2 的规定。

表 5－2 低压电气设备地面上外露的接地线的最小截面

装置的相线截面 S	接地线的最小截面
$S \leqslant 16$	S
$16 < S \leqslant 35$	16
$35 < S < 400$	$S/2$
$400 < S \leqslant 800$	200

注:表中数值适用于接地线与相线材质相同时。若材质不同,接地线截面的确定,应按其相当的允许载流量选择。

4. 中性点直接接地的低压系统电气设备的专用接地线可与相线一起敷设，其截面一般不大于下列数值：钢，80 mm^2；铜，50 mm^2；铝，70 mm^2。接地线的最小规格见表 5－3。

表 5－3 接地线的最小规格

材料	类 别	最小规格	材料	类 别	最小规格
铜	移动用电设备	生活用 0.5 mm^2	圆钢	室内	直径 6 mm
		生产用 1 mm^2		室外	直径 8 mm
	绝缘铜线有机械保护时	2.5 mm^2		埋入土内	直径 10 mm
	裸铜线、无机械保护绝缘铜线	4 mm^2	角钢	室内(厚度)	2 mm
	埋入土内有防腐蚀保护	16 mm^2		室外(厚度)	2.5 mm
	埋入土内无防腐蚀保护	25 mm^2		埋入土内(厚度)	4 mm
扁钢	室内:厚度不小于 3 mm	60 mm^2	钢管	室内、外(管壁厚度)	2.5 mm
	室外或埋入土内:厚度不小于 4 mm	100 mm^2		埋入土内(管壁厚度)	3.5 mm

5. 不得使用金属软管、保温管的金属网或外皮及低压照明导线或电缆的铅护套作接地线。在电气设备需要接地的房间里，这些金属外皮应接地，并应保证其全长为完好的电气通路，接地线应与金属外皮低温焊接。

6. 携带式用电设备应用电缆中的专用线芯接地，此线芯严禁同时用来通过工作电流，严禁利用设备的零线接地。五芯电缆必须确认相线、工作零线和保护线。单独使用接地线时，应采用多股软铜线，其截面积不应小于 1.5 mm^2。

三、接地和接零装置的安全要求

保持接地装置和接零装置可靠而良好地运行，对于保障人身安全有十分重要的意义。接地装置和接零装置有如下安全要求：

(1) 导电的连续性:必须保证电气设备到接地体之间或电气设备到变压器低压中性点之间导电的连续性,不得有脱节现象。采用建筑物的钢结构、行车钢轨、工业管道、电缆的金属外皮等自然导体作接地线时,在其伸缩缝或接头处应另加跨接线以保证连续可靠。自然接地体与人工接地体之间务必连接可靠,以保证接地装置导电的连续性。

(2) 连接可靠:接地装置之间的连接一般采用焊接。扁钢搭焊长度应为宽度的 2 倍,且至少在三个棱边进行焊接。圆钢搭焊长度以及圆钢和扁钢搭焊长度应为圆钢直径的 6 倍。不能采用焊接时,可采用螺栓或卡箍连接,但必须防止锈蚀,保持接触良好。在有振动的地方,应采取防松措施,加强紧固性。

(3) 足够的机械强度:为了保证足够的机械强度,并考虑到防腐蚀的要求,钢接零线、接地线、接地体的最小尺寸必须符合国家规范要求。接地线和接零线宜采用铜线,有困难时可采用钢或铝线,地下不得采用裸铝导体作接地体或连接线。携带式设备因经常移动,其接地线或接零线应采用 0.75～1.5 mm^2 以上的多股铜线。

(4) 足够的导电能力和热稳定性:采用保护接零时,为了能达到促使保护装置迅速动作的单相短路电流,零线应有足够的导电能力。在不能利用自然导体的情况下,保护零线导电能力最好不低于相线的二分之一。

(5) 防止机械损伤:接地线或接零线应尽量安装在人不易接触到的地方,以免意外损坏,但必须是在明显处,以便检查。

接地线或接零线与铁路交叉时,应加钢管或角钢保护,或略加弯曲向上拱起,以便在振动时有伸缩余地,避免断裂。穿过墙壁时,应敷设在明孔、管道或其他坚固的保护管中。与建筑物伸缩交叉时,应变成弧状或另加补偿装置。

(6) 防腐蚀:为了防止腐蚀,钢制接地装置最好采用镀锌元件制成,焊接处涂沥青油防腐。明设的接地线和接零线可以涂漆防腐。在有强烈腐蚀性的土壤中,接地体应当采用镀锌或镀铜元件制成,并适当加大其截面积。

(7) 必要的地下安装距离:接地体与建筑物的距离不应小于 1.5 m,与独立避雷针的接地体之间的距离不应小于 3 m。

(8) 接地支线或接零支线不得串联:为了提高接地(或接零)的可靠性、连续性,电气设备的接地支线(或接零支线)应单独与接地干线(或接零干线)或接地体相连,不应串联连接。接零干线(或接地干线)应有两处与接地体直接相连,以提高可靠性。

一般企业变电所的接地,既是变压器的工作接地,又是高压设备的保护接地和低压配电装置的重复接地,有时还是防雷装置的防雷接地,各部分应单独与接地体相连,不得串联。变配电装置最好也有两条接地线与接地体相连。

四、接地装置运行检查

(一) 接地电阻的要求和测量

1. 对接地电阻的要求　接地装置的接地电阻关系到保护接地(零)的有效性及电力系统的运行。接地装置投入使用前和使用中都需要测量接地电阻的实际值,以判断其是否符合要求。各种接地装置的接地电阻数值不应大于表 5-1 的要求。

2. 接地电阻的测量　目前常用的接地电阻测量方法主要有电流—电压表法和接地电阻测试仪测量法两种。

(1) 电流—电压表法

如图 5-17 所示,电流极与接地网边缘之间的距离为 d_{13},一般取接地网最大对角线长度 D 的 4~5 倍,以使其间的电位分布出现一平缓区段。在一般情况下电压极到接地网距离 d_{12} 约为电流极到接地网距离的 50%~60%。测量时,沿接地网和电流极的连线移动三次,每次移动距离为 d_{13} 的 5%左右,如三次测得的电阻接近即可。

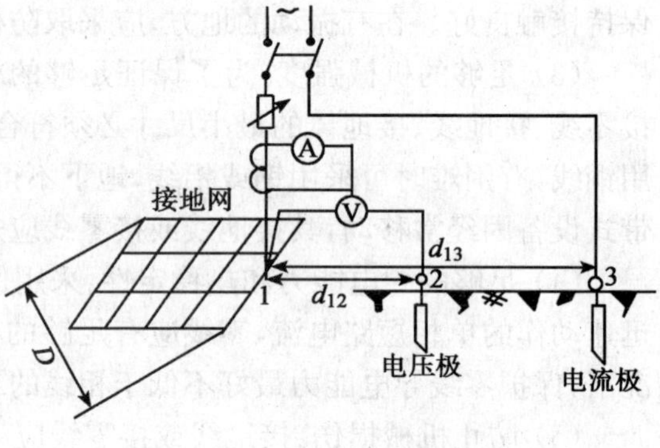

图 5-17　电流—电压表法测量接地电阻示意图

如 d_{13} 取 4~5D 有困难,在土壤电阻率较均匀的地区可取 $2D$,d_{12} 取 D;在土壤电阻率不均匀的地区或城区 d_{13} 可取 $3D$,d_{12} 取 $1.7D$。电压极和电流极也可采用图 5-18 的三角布置法,一般取 $d_{12}=d_{13}\geqslant 2D$,夹角 $\theta\approx 30°$。

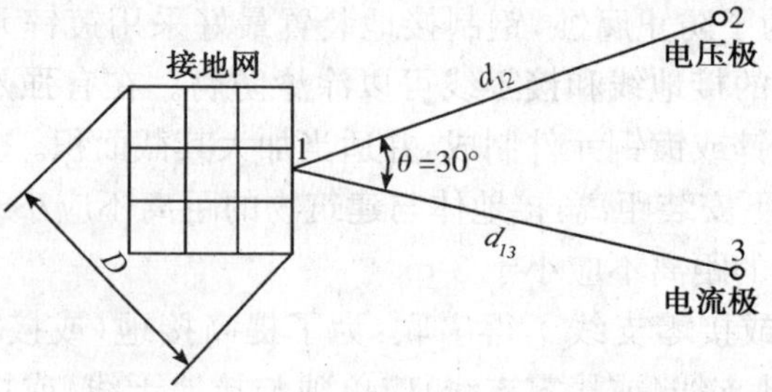

图 5-18　电极三角形布置示意图

(2) 接地电阻测试仪测量法

由于电流—电压表法需配备隔离变压器(容量为 5~15 kV·A,电源电压 60 V~220 V)使用不便,而接地电阻测试仪(俗称接地摇表)自身能产生交变的接地电流,无需外加电源,且电流极和电压极也是配套好的。由于接地电阻测试仪使用简易,携带方便,且抗干扰性能好,工程上被广泛采用。如图 5-19。

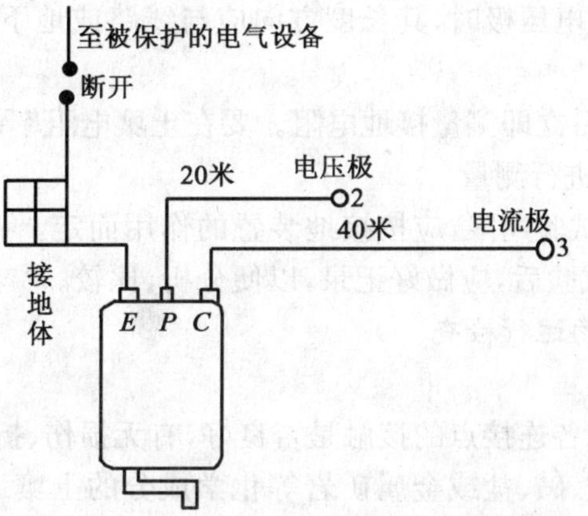

图5-19　用专用接地电阻测试仪测量示意图

接地电阻测试仪一般有 P、C、E 三个端子，E 端子接被测接地体 E'、P 端子接电位探针(亦称试探极或电压极)P'、C 端子接电流探测针(亦称辅助电极或电流极)C'，接地电阻测试仪与电压极和电流极的距离一般为 20 m 和 40 m，对于有四个接线端钮的接地电阻测试仪，其接线方法稍有改变。接地电阻测试仪的操作方法如同普通兆欧表，以约为 120 转/min 的速度转动手柄，同时调整调拨盘，当检流计平衡(指针指零)时，便可在标度盘上读得被测接地体的接地电阻值。

在使用小量程接地电阻测试仪测量低于 1 Ω 的接地电阻时，应将四端钮中的 C2 与 P2 间的连接片打开，且分别用导线连接到被测接地体上，这样，可以消除测量时连接导线所具有的附加电阻引起的误差影响。

使用接地测试仪时，测量电极与被测接地体间的距离及其布置对测量误差影响很大。测量电极的布置有直线形和三角形两种。

接地电阻的测量，除在工程交接时进行外，一般 1～3 年测量一次。对于变电所和电气设备的接地装置，应每年进行一次测试。接地装置凡重新装设或经整理检修后，也要进行接地电阻测量。必须指出，测量接地电阻应在土壤电导率最低时进行，一般选择在每年 3、4 月份进行。对接地装置外漏部分的检查每年至少应进行一次。

(3) 测量接地电阻时的安全注意事项

① 测量接地电阻时应停电进行。

② 测量时，接地装置应与避雷线断开。

③ 无论用哪种方法测量接地电阻，均应将被测接地体同其他接地体分开，以保证测量的准确性。同时应尽可能把测量回路自电网断开，这样做不仅有利于安全，也有利于消除杂散电流引起的误差，还能防止测量电压反馈到与被测接地体连接的其他导体上引起事故。

④ 埋置电流极、电压极时，其长度方向应与线路或地下金属管道垂直的方向一致。

⑤ 应避免在雨后立即测量接地电阻。要在土壤电阻率最大时(春天降雨最少或冬季最低气温时)进行测量。

⑥ 接地电阻的试验期限，应按接地装置的作用而定。一般规定 1～3 年测量一次。每次检查和试验后，应做好记录，以便分析、比较。

(二) 接地装置的运行检查

1. 检查内容

(1) 检查接地线各连接点的接触是否良好，有无损伤、折断和腐蚀现象。

(2) 对含有重酸、碱、盐或金属矿岩等化学成分的土壤地带，应定期对接地装置的地下部分挖开地面进行检查，观察接地体腐蚀情况。

(3) 检查分析所测量的接地电阻值的变化情况，是否符合规程要求。

(4) 设备每次维修后，应检查其接地线是否牢靠。

2. 检查周期

(1) 变电所的接地网一般每年检查一次，并于干燥季节每年测量一次接地电阻。

(2) 根据车间的接地线及零线的运行情况，每年一般应检查 1～2 次。

(3) 各种防雷装置的接地线每年(雨季前)检查一次。

(4) 对有腐蚀性土壤的接地装置，安装后应根据运行情况(一般每五年左右)挖开局部地面检查一次。

(5) 手持式电动工具的接地线，在每次使用前应进行检查。

(三) 降低接地电阻的措施

在电阻系数较高的土壤(如岩石、砂质及长期冰冻的土壤)中，要满足规定的接地电阻是有困难的，为降低接地电阻可采取下列措施：

1. 采用电阻系数较低的黏土、黑土及砂质黏土代替原有电阻系数较高的土壤。一般换掉接地体上部 1/3 长度，周围 0.5 m 以内的土壤。

2. 对含砂土壤可增加接地体的埋设深度。深埋还可以不考虑土壤冻结和干枯所增加电阻系数的影响。

3. 对土壤进行人工处理，一般采取在土壤中适当加入食盐。根据实验结果，用食盐处理土壤后，砂质黏土的电阻减小 1/3～1/2，砂土减少 3/5～3/4，沙可减小 7/9～7/8；对于多岩土壤，用 1%食盐溶液浸渍后，其电导率可增加 70%，花岗岩的电导率可增加 1 200 倍。但土壤经人工处理后，会降低接地体的热稳定性，加速了接地体的腐蚀，减少了接地体的使用年限。因此，凡可以用自然方法达到接地电阻时，一般不采用人工处理的方法。

4. 对于冻结的土壤在进行人工处理后，还达不到要求时，最好把接地体埋在建筑物的下面，或在冬天采用填泥炭的方法。

思考题

1. 什么是IT系统？什么是TT系统？

2. 什么是TN—S系统、TN—C—S系统、TN—C系统？

3. 什么叫工作接地？

4. 什么叫重复接地？重复接地有何作用？

5. 采用保护接零时，零线上装设熔断器和开关有哪些规定？

6. 漏电保护器的工作原理是什么？

7. 怎样选用漏电保护器？

8. 检修间距是怎样规定的？

9. 安装和使用漏电保护器应注意哪些事项？

10. 接地装置由哪几部分组成？安全要求是什么？

11. 接零装置由哪几部分组成？安全要求是什么？

12. 接地和接零装置安全检查的内容是什么？

13. 保护接地、保护接零的应用范围与场合是什么？

14. 如何进行接地电阻测量？

15. 在同一供电系统中为什么不允许一部分设备采用保护接地，另一部分设备采用保护接零？应怎样改正？有几种改正方法？

第六章 电气安全的特殊防护

第一节 雷电防护

雷击是一种自然放电现象，具有很大的破坏性。当雷电击中房屋、电力线路、电力设备等设施时，会产生极高的过电压和极大的过电流，所涉及的范围内，可能造成设备或设施损坏，可能造成大规模停电，可能造成火灾或爆炸，还可能直接伤及人。

一、雷电的形成和种类

雷云在形成过程中，一些云积累起正电荷，另一些云积累起负电荷。随着电荷的积累，电压逐渐升高。当带不同电荷的雷云互相接近到一定程度，电场强度超过25～30 kV/cm时，发生激烈的放电，出现强烈的闪光；放电时，温度高达20 000 ℃，空气受热急剧膨胀，发生爆炸的轰鸣声。这就是闪电和雷鸣。

雷电大体可以分为直击雷、雷电感应、球形雷、雷电侵入波等几种。

(1) 直击雷：如果雷云较低，周围又没有带异性电荷的雷云，就会在地面凸出物上感应出异性电荷，造成与地面凸出物之间的放电，这就是通常所说的直击雷。

(2) 雷电感应：雷电感应（又称为感应雷）分静电感应和电磁感应两种。静电感应是积云接近地面时，在地面凸出物顶部感应出大量异性电荷，在积云与其他部位或其他雷云放电后，凸出物顶部电荷失去束缚，以雷波的形式高速传播形成的。电磁感应是发生雷击后，雷电流在周围空间产生迅速变化的强磁场在附近的金属导体上感应出很高的电压形成的。

(3) 球形雷：球形雷是雷电时形成发红光或白光的火球，其直径约为 20 cm，但也有达 10 m 的，其运动速度约为 2 m/s。球形雷是由特殊的带电气体形成的。在雷雨季节，它可能从门、窗、烟囱等通道侵入室内。

(4) 雷电侵入波：雷电侵入波是由于雷击而在架空线路或空中金属管道上产生的冲击电压，沿线路或管道的两个方向迅速传播的雷电波，其传播速度为300 m/μs，在电缆中为 150 m/μs。雷电侵入波常常危及人身安全和损坏电气设备。

二、雷电的危害

雷电因其极高的冲击电压和强大电流，破坏力很大，其破坏作用如下：

(1) 电效应：数十万至数百万伏的冲击电压可击毁电气设备的绝缘，烧断电线或劈裂电杆，造成大规模的停电；绝缘损坏还可能引起短路，导致火灾或爆炸事故，巨大的雷电流流经防雷装置时会造成防雷装置的电位升高，这样的高电位同样可以作用在电气线路、电气设备或其他金属管道上，在它们之间放电。这种接地导体由于电位升高而向带电导体或与地绝缘的其他金属物放电的现象叫做反击。反击能引起电气设备绝缘破坏，造成高压窜入低压系统，可能直接导致接触电压或跨步电压触电而造成事故，可使金属管道烧穿，甚至造成易燃易爆物品着火和爆炸。

雷电流的电磁效应在它的周围空间里产生强大而变化的磁场，处于这种电磁场中的导体就会感应出很高的电动势。这种强大的感应电动势可以使闭合回路的金属导体产生很大的感应电流，引起发热及其他破坏。

(2) 热效应：巨大的雷电流（几十至几百千安）通过导体，在极短的时间内转换成大量的热能。雷击点的发热量约为 500～2 000 J，造成易爆物品燃烧或造成金属熔化、飞溅而引起火灾或爆炸事故。

(3) 机械效应：被击物遭到严重破坏，这是由于巨大的雷电流通过被击物时，使被击物缝隙中的气体剧烈膨胀，缝隙中的水分也急剧蒸发为大量气体，因而在被击物体内部出现强大的机械压力，致使被击物体遭受严重破坏或发生爆炸。

上述破坏作用是综合出现的，其中尤以发生爆炸和火灾最为严重。

三、防雷措施

根据不同的对象，对直击雷、雷电感应、雷电侵入波应分别采用相应的安全措施。

1. 防直击雷　第一类、第二类工业建筑物的构筑物和第一类民用建筑物均应采取防直击雷措施。第三类工业建筑物和构筑物、第二类民用建筑物和构筑物的易受雷击部位也需采用防直击雷措施。此外，易受雷击的建筑物和构筑物、有爆炸或火灾危险的露天设备（如油罐、贮气罐）、高压架空电力线路、发电厂和变电站等也应采取防直击雷措施。

装设避雷针、避雷线、避雷网、避雷带是防直击雷的主要措施。

避雷针分独立避雷针和附设避雷针两种。独立避雷针是离开建筑物单独装设的，一般情况下，其接地装置应当单设，接地电阻一般不超过 10 Ω。严禁在装有避雷针、避雷线的构筑物上架设通信线、广播线和低压线。利用照明灯塔做独立避雷针的支柱时，为了防止将雷电冲击电压引进室内，照明电源线必须采用铅皮电缆或穿入铁管，并将铅皮电缆或铁管直接埋入地下（埋深为0.5～0.8 m），经 10 m 以上（水平距离）才能引进室内。独立避雷针不应设在人经常通行的地方。

附设避雷针是装设在建筑物和构筑物顶部的避雷针。附设避雷针应和顶部的各种接闪器及建筑物、构筑物的金属构架连接成一个整体。其接地装置可共用，宜沿建筑物和构筑物四周敷设，其接地电阻不宜超过 1～2 Ω。露天装设的有爆炸危险的金属封闭气罐和工艺装置，当其壁厚不小于 4 mm，一般不装接闪器，但必须接地，且接地点不应少于两处，其间距离不应大于 30 m，冲击接地电阻不应大于 30 Ω。

避雷针及其引下线与其他导体在空气中的最小距离一般不宜小于 5 m。独立避雷针的接地装置在地下与其他接地装置的距离不宜小于 3 m。

2. 防雷电感应　雷电感应(特别是静电感应)能产生很高的冲击电压,在电力系统中应与其他过电压同样考虑。在建筑物和构筑物中,主要考虑由反击引起的爆炸和火灾事故。第三类防雷建筑物一般不考虑雷电感应的防护。

为了防止静电感应产生的高压,应将建筑物内的金属设备、金属管道、结构钢筋等接地。接地装置可以和其他接地装置共用。

根据建筑物的不同,应采取相应的防感应措施。对于金属屋顶,应将屋顶妥善接地;对于钢筋混凝土屋顶,应将屋面钢筋焊成 6～12 m 网格,连成通路接地;对于非金属屋顶,应在屋顶上加装边长 6～12 m 的金属网格,并予以接地。屋顶或金属网格的接地不得少于两处,且其间距不得超过 18～30 m。

为了防止电磁感应,当平行管道相距不到 100 mm 时,每 20～30 m 须用金属线跨接;交叉管道相距不到 100 mm 时,也应用金属线跨接;管道与金属设备或金属结构之间距离小于 100 mm 时,也应用金属线跨接。此外,管道接头、弯头等接触不可靠的地方,也应用金属线跨接,其接地装置可与其他接地装置共用。

3. 防雷电侵入波　属于雷电侵入波造成的雷害事故很多。在低压系统,雷电侵入波造成的事故约占总雷害事故的 70%以上。

(1) 变配电装置的保护:中、小型企业变配电所的高压一般不超过 10 kV,低压一般为 0.4 kV。对雷电侵入波的防护主要采用装设金属氧化物(氧化锌)避雷器。

① 10 kV 母线装设一组氧化锌避雷器。该避雷器与变压器的电气距离,一路进线时不宜大于 15 m;两路进线时不宜大于 23 m。

② 架空线路终端装设一组氧化锌避雷器。

③ 对于有电缆进线段的架空线路,架空线路终端电缆盒附近装设一组氧化锌避雷器;在电缆两端,其金属外皮均应接地。

(2) 低压线路终端保护:雷电侵入波沿低压线路进入室内,容易造成严重的人身事故,也可能引起火灾或爆炸。为了防止这种雷害,应根据不同状况,采取下列措施。

① 对于重要用户,最好采用全电缆供电,将电缆的金属外皮接地。条件不允许时,可由架空线路转经 50 m 以上的直接埋地电缆供电,并在电缆与架空线换线杆处装设一组低压氧化锌或阀型避雷器,且与电缆金属外皮和绝缘子铁脚一起接地。

② 对于重要性低一些的用户,可采用全部架空线供电,并在进户处装设一组低压氧化锌避雷器或 2～3 mm 的保护间隙,并与绝缘子铁脚一起接地,邻近三根电杆上的绝缘子铁脚也应接地。

③ 对于一般用户,将进线处绝缘子铁脚接地即可。上述接地的接地装置均可

与电气设备的接地装置共用。

(3) 架空管道上雷电侵入波的保护：一般在管道上的进户处及邻近的 100 m 内，采取 1～4 处接地措施，可在管道支架处接地。接地装置也可与电气接地装置共用。

4. 人身防雷措施　雷暴时，由于雷云直接对人体放电、雷电流入地下产生的对地电压以及二次放电都可能对人造成电击，因此，应注意必要的安全要求。

(1) 雷暴时，非工作必要，应尽量少在户外或野外逗留，在户外或野外宜穿塑料等不浸水的雨衣、胶鞋(绝缘鞋)等。

(2) 雷暴时，宜进入有宽大金属构架或有防雷设施的建筑物、汽车或船只内。

(3) 在建筑物或高大树木屏蔽的街道躲避雷暴时，应离开墙壁和树干 8 m 以上。

(4) 雷暴时，应尽量离开小山、小丘、海滨、湖滨、河边、池旁、铁丝网、金属晒衣绳、旗杆、烟囱、宝塔、孤立的树木和无防雷设施的小建筑物或其他设施。

(5) 雷暴时，在户内应注意雷电侵入波的危险，应离开明线、动力线、电话线、广播线、收音机和电视机电源线和天线以及与其相连的各种设备 1.5 m 以上，以防这些线路或导体对人体的二次放电。

(6) 雷暴时，还应注意关闭门窗，防止球型雷进入室内造成危害。

四、防雷装置

一般防雷装置是将雷电引向自身，并将雷电流泻入大地，保护被保护物免遭雷击、免受雷害的一种人工装置。避雷针、避雷线、避雷网和避雷带，都是经常采用的防止直接雷击的防雷装置。

完整的一套防雷装置都是由接闪器、引下线和接地装置三部分组成的。

接闪器是专门直接接受雷击的金属导体。避雷针、避雷线、架空避雷网和避雷带实际上都是接闪器。接闪器利用其高出被保护物的突出地位，把雷电引向自身，然后，通过引下线和接地装置，把雷电流泻入大地，以保护被保护物免受雷击。

(1) 单支避雷针的保护范围：它是以避雷针为轴的折线圆锥体(见图 6-1)。折线的确定方法是：设避雷针高为 h，A 为避雷针的顶点，B 点是高度及离避雷针距离都等于避雷针高度一半($h/2$)的一点，C 点则是地平面上距离避雷针为 $1.5\,h$ 的一点，连接 A、B、C 即为保护范围的折线。折线表明当针高为 h 时，避雷针在地面上的保护半径为：

$$r = 1.5\,h$$

如被保护物的高度为 h_x 时，则在 h_x 水平面上(xx' 连线平面)的保护半径 r_x 按下式计算：

$$\text{当 } h_x \geqslant h/2 \text{ 时，} r_x = (h - h_x)P = h_0 P$$

$$\text{当 } h_x < h/2 \text{ 时，} r_x = (1.5\,h - 2\,h_x)P$$

式中，P 为与避雷针高有关的系数（在下述有关避雷针或避雷线的计算中均同）。当 $h \leqslant 30$ m 时，$P=1$；30 m$<h\leqslant 120$ m 时，$P=5.5\sqrt{h}$，高度和半径均以米计算（被保护高度指最高点的高度）。

由上式可见，当避雷针的高度超过 30 m 时，其保护范围不再随针高成正比例增加。所以，通常采用多支等高的避雷针来扩大其保护范围。

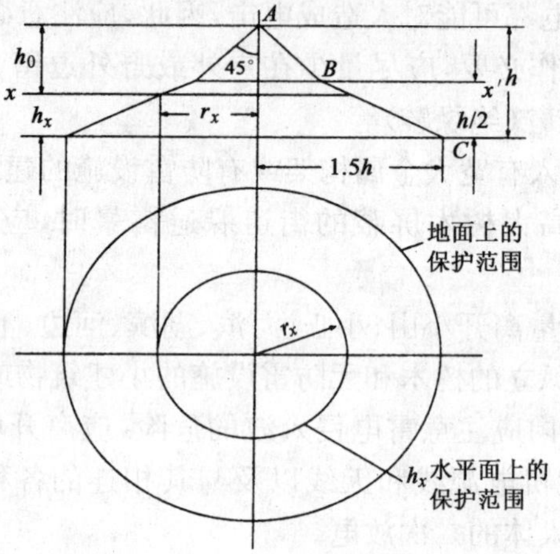

图 6－1　单支避雷针的保护范围

h—避雷针的高度；h_x—被保护物的高度；h_0—避雷针本身的有效高度；r_x—避雷针在 h_x 高度平面的保护半径；r—避雷针在地面上的保护半径

（2）避雷网和避雷带的保护范围：避雷网和避雷带的保护范围无需进行计算。避雷网网络的大小可根据具体情况取为 6 m×6 m，6 m×10 m 或 10 m×10 m。避雷带相邻两带之间的距离也以 6 m×10 m 为宜。此外，对于易受雷击的屋角、屋脊、檐角、屋檐及其他建筑物边角部位都可专设避雷带保护。避雷网和避雷带主要用来保护建筑物。

（3）防雷装置接地电阻：防雷接地电阻一般是指冲击接地电阻。防直击雷的接地电阻，对于第一类工业、第二类工业和第一类民用建筑物和构筑物，不得大于 10 Ω；对于第三类工业建筑物和构筑物，不得大于 20～30 Ω；对于第二类民用建筑物和构筑物，不得大于 10～30 Ω。防雷电感应的接地电阻不得大于 5～10 Ω；防雷电侵入波的接地电阻一般不得大于 5～30 Ω；避雷器的接地电阻一般不得大于 5～10 Ω。

（4）防雷装置的检查：为了保护防雷装置的保护性能，应经常对其进行检查和电气试验。对于各种避雷器，应检查其瓷套或绝缘子是否完好，有无裂纹或缺陷，表面是否脏污；检查其外廓和引下线上有无闪络或烧损痕迹；检查引下线各部分连接是否良好；检查固定避雷器的各种金属器具是否牢靠；检查各部分腐蚀和锈蚀情况。对管型避雷器的外间隙和保护间隙的主、副间隙，应检查其有无变动，有无外物引起短路。

对于氧化锌或尚未改型的阀型避雷器，每年雨季前应测定绝缘电阻，测量时最好用量程为 2 500 V 及以上的摇表。测量数值与历次测量数值比较，差别不应太大。运行中的阀型避雷器的绝缘电阻不应低于 2 000 MΩ。泄露电流也应定期测定。10 kV及以下者每两年一次，10 kV 以上者每年一次；测量数值也应与历年数值比较，差别也不应太大；不带并联电阻者，泄露电流不宜超过 10 μA，带并联电阻者，一般不应超过 400 μA。不带并联电阻的避雷器测定工频放电电压，每 1～3 年一次；运行中的阀型避雷器的工频放电电压应在 23～33 kV 范围内。非标准阀型避雷器组合使用时，应有接近的非线性特性，因此，应在规定的两种电压下测定其非线性指数。对于阀型避雷器，每 3 年或每动作 3 次后应测定其灭弧管内径和内间隙等部位发生变化的情况。

对防雷接地装置应和其他接地装置一样，定期检查和测定。

第二节　静电防护

静电是相对静止的电荷，广泛存在于自然界中，如雷云带电、摩擦带电。人们还将静电用于喷漆、除尘、植绒、复印等生产过程。

一、静电的起因和危害

1. 静电的起因　摩擦起电是早已被人类发现的现象，只要两个物质之间存在着运动或摩擦，都会产生静电。例如，生产工业中的挤压、切割、搅拌、喷溅、流动和过滤以及生活中的行走、起立、穿脱衣服等都会产生静电。

2. 静电的危害　静电在一定条件下将形成很高的电压，但其总电量不大，静电放电是静电消失的主要途径之一，在放电的过程中常伴有响声和火花。常常使生产和人身遭到危害。

(1) 爆炸和火灾：在可燃液体、气体的输送和贮存过程及面粉、锯末、煤粉、纺丝等作业的场所都有静电产生，而这些场所空气中常有气体、蒸气爆炸混合物或有粉尘、纤维爆炸混合物，静电火花有可能导致火灾甚至爆炸。

(2) 电击：静电电击不致直接使人致命；但人体可能因电击引起坠落、摔倒等二次事故，电击还可能使工作人员精神紧张而引起操作事故。

(3) 妨碍生产：静电还可能直接影响生产，降低产品质量。例如，静电使粉体吸附于设备，影响粉体的过滤和输送；在纺织行业，静电使纤维缠结，吸附尘土，降低纺织品质量；在印刷行业，静电使纸张不齐、不能分开，影响印刷速度和降低印刷质量；静电还可能引起电力、电子元件误动作等。

二、防静电措施

1. 接地和泄漏　接地是消除导电体上静电的最简单的办法，一般只要接地电阻不大于 1 000 Ω，静电的积聚就不会产生，但在有爆炸性气体的场所，接地电阻应不大于 100 Ω。

对于绝缘体上的静电荷，也可采用间接接地方法即将导电体与绝缘体紧密接触，再把导电体接地，使静电不形成积聚。人们往往采取增湿措施和采用抗静电添加剂来促使静电电荷从绝缘体上自行消散。

2. 静电中和法　静电中和法是在静电电荷密集的地方设法产生带电离子，将该处静电电荷中和掉。静电中和法可用来消除绝缘体上的静电。静电中和法依其产生相反电荷或带电离子方式的不同，主要有以下几种类型。

(1) 感应中和器：感应中和器不带电源，如图 6－2 所示。感应中和器工作时，生产物料上的静电在中和器的金属针（接地）上感应出相反的电荷，在金属针尖附近形成很强的电场。在这个强电场的作用下，和生产物料混杂在一起的气体或其他介质发生电离，产生正离子和负离子。在电场的作用下正、负离子分别向生产物料和针尖移动，从而把生产物料上的静电电荷中和掉。感应中和器适用于石油、化工、橡胶等行业。

(2) 高压中和器：高压中和器带有高压电源，如图 6－3 所示。按照电源种类的不同，分为直流高压中和器和交流高压中和器，而交流高压中和器又有工频和高频之分。

高压中和器是利用高电压在放电针尖端附近造成强电场使空气电离来消除静电。

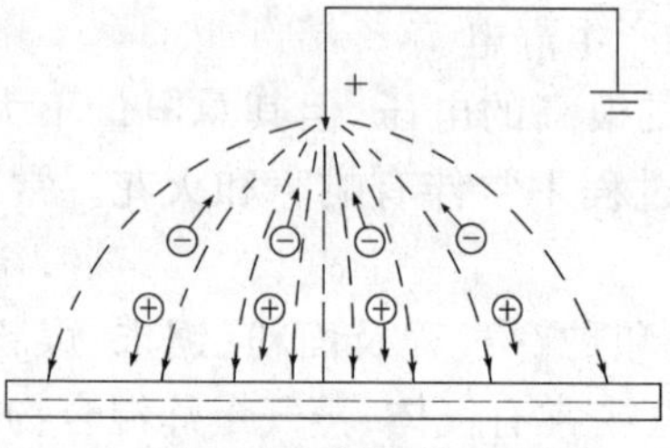

图 6－2　感应中和器工作原理图

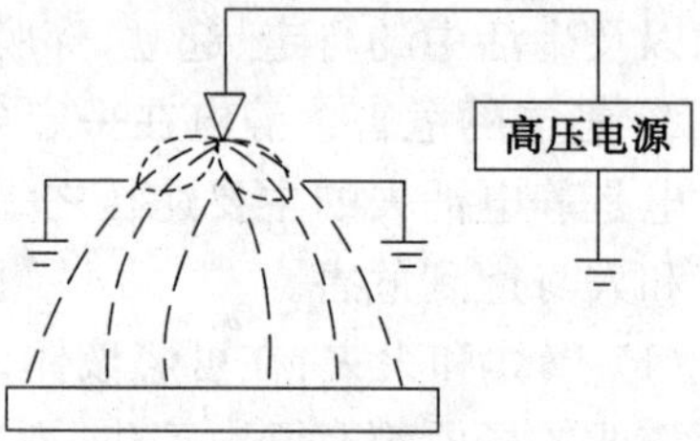

图 6－3　高压中和器的原理

(3) 放射线中和器：放射线中和器是利用放射性同位素使空气电离，产生正离子和负离子，消除生产物料上的静电。放射线中和器工作时不产生任何火花，适用于有火灾和爆炸危险的场所。

(4) 离子流中和器：离子流中和器是将其产生的空气离子通过压缩空气吹向带电体去消除静电的一种中和器。这种中和器的作用范围大，消电效果也比较好，可用于要求严格防光的场所等。

3. 防止静电放电和人体带电　在日常工作和生产场所，为防止静电危害，在装卸运送易燃油料时要控制流动速度。同时还要根据实际情况选用绝缘性工具。在易燃环境中最好不要穿化纤织物。在有爆炸粉尘混合物、氢气和乙炔等的工作场所,应穿用导电纤维制成的防静电工作服、工作鞋和手套。在人体必须接地的场所,应装设金属接地棒——消电装置,工作人员应随时用手接触接地棒,以消除人体所带有的静电;在坐着工作的场合,工作人员可佩戴接地的腕带。防静电的场所入口处、外侧,应有裸露的金属接地物,如采用接地的金属门、扶手、支架等。

第三节　电气防火和防爆

电气火灾和爆炸事故在火灾和爆炸事故中占有很大的比例。电气原因引起的火灾是仅次于一般明火的第二位原因。电气火灾和爆炸事故除可能造成人身伤亡和设备毁坏外,还可能造成较大范围内或长时间的停电,严重影响生产和人民生活,因此必须做好电气防火防爆工作,防止事故的发生。

一、电气火灾和爆炸的原因

1. 电气设备和导体过热　引起电气设备和导体过度发热的不正常运行情况大体上有五种。

(1) 短路:发生短路时,线路中电流增加为正常时的几倍甚至几十倍,而产生的热量又和电流的平方成正比,使温度急剧上升,大大超过允许范围。如果达到可燃物的自燃点,即引起燃烧,从而可导致火灾。短路的主要原因有:① 绝缘老化变质,或受到高温、潮湿或腐蚀的作用而失去绝缘能力;② 绝缘导线直接缠绕、钩挂在铁钉或铁丝上时,或把铁丝缠绕、钩挂在绝缘导线上时,由于磨损和铁锈腐蚀使绝缘破坏;③ 由于雷击等过电压的作用,绝缘遭到击穿;④ 选用设备的额定电压太低,不符合工作电压的要求,使绝缘被击穿而短路;⑤ 设备安装不当或工作疏忽,使电气设备绝缘受到机械损伤;⑥ 在安装和检修工作中,由于接线和操作的错误而造成短路;⑦ 管理不严或维修不及时,使污物聚积、小动物钻入跨接等引起短路。

(2) 过载:电流通过导线,其发热温度在不超过规定的允许温度时,导线上允许连续通过的电流称安全电流。超过安全载流量叫导线过负荷,即过载。其原因:① 设计、选用线路或设备不合理,以致在额定负载下出现过热;② 使用不合理,即线路或设备的负载超过额定值(例如接入过多的用电设备),或者连接使用时间过长,超过线路或设备的设计能力,造成过热;③ 设备故障运行(例如三相电动机缺一相运行或三相变压器不对称运行)造成过热;④ 电动机的过载。

(3) 接触不良:在电源线的连接处、电源与开关、保护装置和较大电气设备连接的地方等,由于接触不良,使这个部位的局部电阻过大,叫接触电阻过大。接触部分是电路中的薄弱环节,是发生过热的一个重点部位。接触不良的原因:① 不可拆卸的接头连接不牢、焊接不良或接头处混有杂质；② 可拆卸的接头连接不紧密或由于振动而松动；③ 活动接头处没有足够的压力，或接触表面脏污、不光滑（例如刀开关触头、接触器触头、插式熔断器触头、插销触头、灯泡与灯座的接触处等）；④ 铜铝接头，由于铜和铝的电性不同，接头处易因电解作用而腐蚀；⑤ 电刷的滑动接触处没有足够的压力，或接触表面脏污、不光滑等。

以上原因均使接触电阻加大而导致接头过热。

(4) 铁芯发热：变压器、电动机等设备的铁芯，如果铁芯绝缘损坏或长时间过电压，涡流损耗和磁滞损耗将增加过热。

(5) 散热不良：各种电气设备在设计和安装时都考虑有一定的散热或通风措施。如果这些措施受到破坏，即造成设备过热。

2. 电火花和电弧　电火花是电极间的击穿放电现象。一般电火花的温度都很高，特别是电弧，温度可达 3 000～6 000 ℃。因此，电火花和电弧不仅能引起可燃物的燃烧，还能使金属熔化、飞溅，构成危险的火花源。在有爆炸危险的场所，电火花和电弧更是十分危险的因素。

电火花包括工作火花和事故火花两类。

(1) 工作火花：工作火花指电气设备正常工作时或正常操作过程中产生的火花。常产生于：① 直流电机电刷与整流子滑动接触处；② 交流电机电刷与滑环滑动接触处；③ 开关或接触器开合时；④ 插销拔出或插入时的火花等。

(2) 事故火花：事故火花是线路或设备发生故障时出现的火花。常出现在：① 发生短路或接地时；② 绝缘损坏时出现的闪络；③ 导线连接松脱时；④ 保险丝熔断时；⑤ 过电压放电火花、静电火花、感应电火花；⑥ 工作中错误操作引起的火花等。

此外，机械性质的火花有电动机转子和定子发生摩擦或风扇与其他部件相碰的火花；还有灯泡破碎时炽热灯丝出现的火花等。

应当指出，电气设备本身事故一般不会出现爆炸事故。但在以下场合可能引起空间爆炸：周围空间有爆炸性混合物，在危险温度或电火花作用下引起的空间爆炸；充油设备（如多油断路器、电力变压器、电力电容器和充油套管）的绝缘油在电弧作用下分解和汽化，喷出大量油雾和可燃气体引起空间爆炸；发电机氢冷装置漏气、酸性蓄电池排出氢气等都会形成爆炸性混合物引起空间爆炸。

二、常用电气设备的火灾和爆炸的原因

1. 电动机发生火灾的原因

(1) 不遵守操作规程及对设备维修保养不够。

(2) 线圈的匝间或相间发生短路、碰壳。

(3) 维修时绝缘受损、线圈受潮绝缘能力降低，遇过电压时绝缘被击穿。

(4) 过负荷运行，电流增大，温度升高，绝缘烧坏。

(5) 三相绕组，在运行中，一相熔丝烧断或一相绕组断线，引起线圈过热燃烧。

（6）转子的电刷火花，引起易燃物着火。

（7）轴承磨损、发热起火或转子碰定子起火。

2. 油浸式变压器发生火灾和爆炸的原因

（1）线圈的绝缘层在安装检修时碰坏。

（2）油中进入杂质或油箱漏油油面下降，线圈露出油面，线圈绝缘强度下降。

（3）线圈匝间、相间或层间短路，造成油蒸气着火。

（4）长期过负荷，引起线圈发热燃烧。

（5）绝缘套管发生裂纹或污秽过脏，使套管与油箱上盖间发生闪络或电弧而引起着火。

（6）小动物跨接引起短路，使油着火。

3. 油开关（多油的）爆炸燃烧的原因

（1）油开关内的油有灭弧、散热、绝缘三种作用。油开关的油面过低，使开关的接触点至油面的油层过薄，油受电弧作用而分解的可燃气体冷却不良，与空气混合时发生爆炸，或遇闪络火花而爆炸燃烧。

（2）油面过高，产生的气体在油箱内得不到空间缓冲，形成过高的压力，引起油箱爆裂燃烧。

（3）油质不洁或老化受潮，引起内部闪络而发生燃烧。

（4）套管在油箱内外积落尘埃油污，或遇小动物跨接，造成短路而引起油开关着火。

4. 照明灯具

（1）白炽灯泡表面温度很高，能烤燃邻近或接触的可燃物质。白炽灯在一般情况下灯泡的表面温度参见表 6－1。

表 6－1 白炽灯灯泡表面温度

灯泡功率（W）	40	60	75	100	150	200
灯泡表面温度（℃）	50～60	137～180	140～200	170～220	150～230	160～300

（2）白炽灯、霓虹灯、高压水银灯引起火灾的主要原因：① 镇流器的铁芯松动、线圈短路、连续使用时间过长等将镇流器烧坏引起火灾；② 碘钨灯灯管表面温度可达 500～800 ℃（指 1 000 W 碘钨灯），与可燃物接触或靠近，易引起燃烧；③ 高压水银灯灯管表面温度可达 150～250 ℃（指 400 W 水银灯），与可燃物接触或靠近，易引起燃烧。

5. 电热器具

（1）电烘箱、电炉、电熨斗、电烙铁等均为用电力加热的器具，使用中电流较大，线路易过载。

（2）电熨斗等直接放在可燃木台上、地板上或靠近可燃物品。

(3) 电热器具在接通电源后无人看管或下班后忘关电源或停电后未切断电源等。

(4) 电热褥由于绝缘破坏，绝缘老化及无安全保护装置也能引起火灾；其他家用电器如电饭锅、电热杯等，从防火角度看，使用时也应引起注意。

三、爆炸和火灾危险场所的划分

1. 气体、蒸气爆炸危险环境　根据爆炸性气体混合物出现的频繁程度和持续时间将此类危险环境分为：0 区、1 区和 2 区。危险区域的大小受通风条件、释放源特征和危险物品性能参数的影响。

(1) 0 区(0 级危险区域)指正常运行时连续出现或长时间出现或短时间频繁出现爆炸性气体、蒸气或薄雾的区域。除有危险物质的封闭空间(如密闭容器内部空间、固定顶液体贮罐内部空间等)以外，很少存在 0 区。

(2) 1 区(1 级危险区域)指正常运行时预计周期性出现或偶然出现爆炸性气体、蒸气或薄雾的区域。

(3) 2 区(2 级危险区域)指正常运行时不出现，即使出现也只是短时间偶然出现爆炸性气体、蒸气或薄雾的区域。

上述正常运行指正常的开车、运转、停车；密闭容器盖的正常开闭；产品的取出；安全阀、排气阀的工作状态。正常运行时，所有运行参数均在设计范围之内。

爆炸危险区域的级别主要受释放源特征和通风条件的影响。连续释放比周期性释放的级别高；周期性释放比偶然短时间释放的级别高。良好的通风(包括局部通风)可降低爆炸危险区域的范围和等级。

爆炸危险区域的范围和等级还与危险蒸气密度等因素有关。例如，当蒸气密度大于空气密度时，四周障碍物以内应划为爆炸危险区域，地坑或地沟内应划为高一级的爆炸危险区域；当蒸气密度小于空气密度时，室内上方封闭空间应划为高一级的爆炸危险区域等。

2. 粉尘、纤维爆炸危险环境　根据爆炸性混合出现的频度和持续时间将此类危险环境分为 10 区和 11 区。

(1) 10 区(10 级危险区域)指正常运行时连续或长时间或短时间频繁出现爆炸性粉尘、纤维的区域。

(2) 11 区(11 级危险区域)指正常运行时不出现，仅在不正常运行时短时间偶然出现爆炸性粉尘、纤维的区域。

3. 火灾危险区域的划分　火灾危险环境应根据火灾事故发生的可能性和后果，以及危险程度及物质状态的不同，按规定进行分区。

(1) 火灾危险场所的一般规定：对于生产、加工、处理、转运或贮存过程中出现或可能出现下列火灾危险物质之一时，应认为是火灾危险场所。① 闪点高于环境温度的可燃液体；在物料操作温度高于可燃液体闪点的情况下，有可能泄露但不能形成爆炸性气体混合物的可燃液体;② 不可能形成爆炸性粉尘混合物的悬浮状、堆积状可燃粉尘或可燃纤维以及其他固体状可燃物质。

(2) 在火灾危险场所中能引起火灾危险的可燃物质有下列四种:① 可燃液体:如柴油、润滑油、变压器油等;② 可燃粉尘:如铝粉、焦炭粉、煤粉、面粉、合成树脂粉等;③ 固体状可燃物质:如煤、焦炭、木等;④ 可燃纤维:如棉花纤维、麻纤维、丝纤维、毛纤维、木质纤维、合成纤维等。

(3) 火灾危险区域的划分:① 21 区:具有闪点高于环境温度的可燃液体,在数量和配置上能引起火灾的环境;② 22 区:具有悬浮状、堆积状的可燃粉尘或可燃纤维,虽不可能形成爆炸混合物,但在数量和配置上能引起火灾危险的环境;③ 23 区:具有固体状可燃物质,在数量和配置上能引起火灾危险的环境。

四、防火防爆措施

防火防爆措施必须是综合性措施。为此,在火灾和爆炸危险场所中,一方面要防止爆炸性气体混合物的形成,或缩短爆炸性气体混合物的滞留时间,以及要消除或减少爆炸性粉尘混合物的产生和积聚,使产生爆炸的两个条件同时出现的可能性减到最低程度,使产生火灾的危险性减到最低程度;另一方面还要采取消除或控制电气设备及线路产生火花、电弧或过热的防护措施。其内容包括:电气设备的合理选用及正确设置,保持电气设备的正常运行和良好通风,装设良好的保护装置,采用耐火设施及装设良好的事故照明等技术措施。

(一) 有爆炸危险场所的电气设备选择

1. 防爆电气设备的类型

(1) 隔爆型电气设备:具有隔爆外壳的电气设备,是指把能点燃爆炸性混合物的部件封闭在一个外壳内,该外壳能承受内部爆炸性混合物的爆炸压力并阻止向外壳周围的爆炸性混合物传爆的电气设备。其防爆形式的标志为“d”。

(2) 增安型电气设备:正常运行条件下,不会产生点燃爆炸性混合物的电弧、火花或危险温度,并在结构上采取措施,提高其安全程度,以避免在正常和规定过载条件下出现这些现象的电气设备。其防爆形式的标志为“e”。

(3) 本质安全型电气设备:在规定试验条件下,正常工作或规定的故障状态下产生的电火花和热效应均不能点燃爆炸性混合物的电路为本质安全电路。全部电路为本质安全电路的电气设备称为本质安全型电气设备。其防爆形式的标志为“i”。

(4) 正压型电气设备:保持内部保护气体的压力高于周围爆炸性环境的压力,阻止外部混合物进入的外壳,称为正压外壳。具有正压外壳的电气设备称为正压型电气设备。根据正压保持方式分为两种形式:

① 正压通风型是采取保护性气体连续通过正压外壳的方法,使壳内保持正压,以达到阻止环境中的爆炸性气体混合物进入到壳内,与点火源接触。

② 正压补偿型是采取在各个排气口封闭时，对正压外壳和管道内保持气体不可避免的泄漏，使壳内保持正压，以阻止环境中的爆炸性气体混合物进入壳内与点火源接触。保护性气体为空气或不燃气体。其防爆形式的标志为“p”。

(5) 充油型电气设备：全部或部分部件浸在变压器油内，使设备不能点燃油面以上的或外壳以外的爆炸性混合物的电气设备。

充油型电气设备须制成固定式设备。产生火花、电弧或危险温度的零部件浸入油中的深度至少不小于 25 mm。油的允许温度须不超过＋100 ℃。其防爆形式的标志为“o”。

(6) 充砂型电气设备：外壳内充填砂粒材料，使之在规定的使用条件下，壳内产生的电弧，传播的火焰、外壳壁或砂粒材料表面的过热均不能点燃周围爆炸性混合物的电气设备。其防爆形式的标志为“q”。

(7) 无火花型电气设备：在正常运行(指设备在电气、机械上符合设计技术规范要求，并在制造厂规定的限度内使用)条件下，不会点燃周围爆炸性混合物，且一般不会发生有点燃作用的故障的电气设备。其防爆形式的标志为“x”。

(8) 特殊型电气设备：除上述七种防爆类型以外的防爆电气设备，其标志为“s”。它的防爆性能和安全程度须经国家认可的检验机关检验后，方可确定。

2. 粉尘防爆电气设备类型　粉尘防爆电气设备结构形式：对外壳按其防尘能力分为防尘外壳(防护等级为 IP5X，标志为 DP)和尘密外壳(防护等级为 IP6X，标志为 DT)两种，以适用于不同的粉尘爆炸危险环境。粉尘爆炸电气设备产品铭牌中都有标明外壳防护形式、温度组别的标志。见表 6－2。

表 6－2　粉尘防爆电气设备标志

标　志	标 志 意 义	适 用 范 围
DIP DP　T11	密封型防尘外壳，T11 温度组别	适用于工厂中存有 T11 组的可燃性非导电粉尘场所
DIP DT　T13	尘密型防尘外壳，T13 温度组别	适用于工厂中具有 T13 组及以下的爆炸粉尘及可燃粉尘场所

注：1. DIP——防粉尘点燃代号；

2. 从粉尘引燃的危险程度看，T13＞T12＞T11，所以 T13 组及以下包括 T13，T12，T11 组的爆炸危险粉尘及可燃粉尘。

3. 防爆电气设备的选型

(1) 防爆电气设备的选型原则是：安全可靠，经济合理。

(2) 根据爆炸危险区域的分区、电气设备的种类和防爆结构的要求，应选择相应的电气设备。

(3) 选用的防爆电气设备的级别和组别，不应低于该爆炸性气体环境内爆炸性气体混合物的级别和组别。当存在有两种以上易燃性物质形成的爆炸性气体混合物时,应按危险程度较高的级别和组别选用防爆电气设备。

(4) 爆炸危险区域内的电气设备,应符合周围环境内化学的、机械的、热的、霉菌以及风沙等不同环境条件对电气设备的要求。电气设备结构应满足电气设备在规定的运行条件下不降低防爆性能的要求。

(5) 各种电气设备防爆结构的选型应符合国家有关规定:旋转电机防爆结构的选型应符合表 6-3 的规定;低压变压器类防爆结构的选型应符合表 6-4 的规定;低压开关和控制器类防爆结构的选型应符合表 6-5 的规定;灯具类防爆结构的选型应符合表 6-6 的规定;信号报警装置等电气设备防爆结构的选型应符合表 6-7 的规定。

表 6-3　旋转电机防爆结构的选型

电气设备	1区			2区			
	隔爆型 d	正压型 p	增安型 e	隔爆型 d	正压型 p	增安型 e	无火花型 x
鼠笼型感应电动机	○	○	△	○	○	○	○
绕线型感应电动机	△	△	○	○	○	×	
同步电动机	○	○	×	○	○	○	
直流电动机	△	△		○	○		
电磁滑差离合器(无电刷)	○	△	×	○	○	○	△

注:1. 表中符号:○为适用;△为慎用;×为不适用(下同);

2. 绕线型感应电动机及同步电动机采用增安型时,其主体是增安型防爆结构,发生电火花的部分是隔爆或正压型防爆结构。无火花型电动机在通风不良及户内具有比空气重的易燃物质区域时慎用。

表 6-4　低压变压器类防爆结构的选型

电气设备	1区			2区			
	隔爆型 d	正压型 p	增安型 e	隔爆型 d	正压型 p	增安型 e	充油型 o
变压器(包括启动用)	△	△	×	○	○	○	○
电抗线圈(包括启动用)	△	△	×	○	○	○	○
仪表用互感器	△	○	×	○		○	○

表 6－5　低压开关和控制器类防爆结构的选型

电气设备	0区	1区				2区				
	本质安全型 i	本质安全型 i	隔爆型 d	正压型 p	充油型 o	增安型 e	本质安全型 i	隔爆型 d	正压型 p	充油型 o	增安型 e
刀开关、断路器			○					○			
熔断器			△					○			
控制开关及按钮	○	○	○		○		○	○		○	
电抗启动器和启动补偿器			△				○				○
启动用金属电阻器			△	△		×		○	○		○
电磁阀用电磁铁			○			×		○			○
电磁摩擦制动器			△			×		○			△
操作箱、柱			○	○				○	○		
控制盘			△	△				○	○		
配电盘			△					○			

注：1. 电抗启动器和启动补偿器采用增安型时，是指将隔爆结构的启动运转开关操作部件与增安型防爆结构的电抗线圈或单绕组变压器组成一体的结构；

2. 电磁摩擦制动器采用隔爆型时，是指将制动片、滚筒等机械部分也装入隔爆壳体内；

3. 在 2 区内电气设备采用隔爆型时，是指除隔爆型外，也包括主要有火花部分为隔爆结构而其外壳为增安型的混合结构。

表 6－6　灯具类防爆结构的选型

电 气 设 备	1区		2区	
	隔爆型 d	增安型 e	隔爆型 d	增安型 e
固定式灯	○	×	○	○
移动式灯	△		○	
携带式电池灯	○		○	
指示灯类	○	×	○	○
镇流器	○	△	○	○

表 6－7　信号、报警装置等电气设备防爆结构的选型

电 气 设 备	0区	1区				2区			
	本质安全型 i	本质安全型 i	隔爆型 d	正压型 p	增安型 e	本质安全型 i	隔爆型 d	正压型 p	增安型 e
信号、报警装置	○	○	○	○	×	○	○	○	○
插接装置			○				○		
接线箱盒			○		△		○		○
电气测量表计			○	○	×		○	○	○

4. 粉尘防爆电气设备选型　除可燃性非导电粉尘和可燃纤维的 11 区环境采用防尘结构(标志为 DP)的粉尘防爆电气设备外,爆炸性粉尘环境 10 区及其他爆炸性粉尘环境 11 区均采用尘密结构(标志为 DT)的粉尘防爆电气设备,并按照粉尘的不同引燃温度选择不同引燃温度组别的电气设备。见表 6－8、表 6－9。

表 6－8　粉尘防爆电气设备选型

粉 尘 种 类	10 区	11 区
爆炸性粉尘	DT	DT
可燃性导电粉尘	DT	DT
可燃性非导电粉尘	DT	DP

表 6－9　电气设备最高允许表面温度(℃)

引燃温度组别	无过负荷的设备	有过负荷的设备
T11	215	195
T12	160	145
T13	120	110

5. 火灾危险场所电气设备选型　火灾危险环境应根据区域等级和使用条件,按表 6－10 选择电气设备。

表 6－10　电气设备防护结构的选型

火灾危险区域		21 区	22 区	23 区
电机	固定安装	IP44	IP54	IP21
	移动、携带式	IP54		IP54
电器和仪表	固定安装	充油型 IP54、IP44	IP54	IP44
	移动、携带式	IP54		
照明灯具	固定安装	IP2X	IP2X	IP5X
	移动、携带式			
配电装置		IP5X		

(二) 爆炸和火灾危险场所电气线路

1. 爆炸性气体环境的电气线路　爆炸危险场所电气线路选型见表 6－11。1 区,2 区配线技术要求见表 6－12 和表 6－13。10 区和 11 区配线技术要求见表 6－14 和表 6－15。

爆炸危险场所使用的电缆和导线的额定电压不得低于 500 V。1 000 V 及 1 000 V 以下者,电缆和导线的长期允许载流量不应小于电动机额定电流的 125％;1 000 V 以上者须按短路电流校准。在爆炸危险场所,禁止使用绝缘导线明敷设。引入防爆充油型设备的线路应采用耐油型导线。工作零线应与相线同样绝缘，并装在同一护套或管子内。除照明回路外，爆炸危险场所内的线路不得有中间接头；并应采用相应防爆类型的接线盒；接头应采用钎焊、熔焊或压接。

在爆炸危险场所，应采用三相五线制和单相三线制线路，即采用保护零线与工作零线分开的TN—S系统，相线和工作零线上均应有短路保护。

在1区应采用铠装电缆，其他各级爆炸危险场所，在有防护的情况下，可采用非铠装电缆。爆炸危险场所的绝缘导线须穿水管或煤气管敷设时，钢管连接处应当密封。对于移动式设备，在1区、2区和10区应采用重型电缆橡套电缆；在11区应采用中型电缆橡套电缆。

在爆炸危险场所的3～10 kV线路须装设零序电流保护装置。

严禁电气线路跨越爆炸危险场所，其间水平距离不得小于杆塔高度的1.5倍、Q－1级场所还不得小于30 m。

表6－11　爆炸危险场所电气线路选型

配线方式		爆炸危险区域				
			1	2	10	11
本质安全型电气设备的配线工程		○	○	○	○	○
低压镀锌钢管配线工程		×	○	○	×	○
电缆工程	低压电缆	×	○	○	×	○
	高压电缆	×	△	○	×	○

注：○表示适用，△表示尽量避免，×表示不适用。

表6－12　气体爆炸危险场所电缆配线技术要求

项目 技术要求 爆炸危险场所	电缆明设或沟内敷设时的最小截面			接线盒	移动电缆
	电　力	照　明	控　制		
1区	铠装、铜芯 2.5 mm^2 及以上	同左	同左	隔爆型	重型
2区	铠装、铜芯1.5 mm^2 及以上，或铠装、铝芯4 mm^2 及以上	非铠装、铜芯1.5 mm^2 及以上，或铠装、铝芯2.5 mm^2 及以上	非铠装、铜芯1.5 mm^2 及以上	隔爆、增安、防尘型	中型

注：1. 2区的明设塑料护套电缆，当其敷设方式采用能防止机械损伤的电缆槽板、托盘或桥架方式时，可采用非铠装电缆。

2. 可燃气体或蒸气比空气轻且不会受鼠、虫等损害时，在2区电缆沟内敷设的电缆可采用非铠装电缆。

3. 铝芯绝缘导线或电缆的连接与封端应采用压接、熔接或钎焊；当与电气设备（照明灯具除外）连接时，应采用适当的过渡接头。

4. 电缆线路不应有中间接头。

用铁质材料，且向外开启，通向无火灾和无爆炸危险的场所。

对于易燃物质比空气重的爆炸性气体环境，位于1区、2区附近的变配电所和控制室的室内地面应高出室外地面0.6 m。

架空线路严禁跨越爆炸火灾危险场所。当线路与火灾和爆炸危险场所接近时，两者最小水平距离为杆塔高度的1.5倍；与1区级场所的最小水平距离不小于30 m。

沿露天或开敞的有爆炸危险物质管道的管廊上敷设电缆或钢管配线时，应沿爆炸危险性较小的物质管道的一边敷设。当管道内气体或液体蒸气比重大于空气时应在其上方；反之，应在其下方的右侧，即要避开正下方。

2. 密封　在有爆炸危险场所装置电气设备时，密封是防爆的重要措施。密封是将产生电弧、电火花的电气设备与易燃易爆的物质隔离开来，从而达到防爆的目的。在发生局部燃烧爆炸时，密封可以防止事故的进一步扩大。电缆、配线钢管、接地线在通过地面、楼板、墙壁处及电气设备、接线盒等连接处时都要进行密封处理。所有充油型电气设备的油面不得低于油标的标度线，油量不足应及时补充，以保证密封作用。此外，把危险物品装在密闭的容器内，限制爆炸性物质的挥发和逸散，也是防火防爆的一个措施。

(四) 保持电气设备正常运行

防止过大的工作火花，防止出现事故火花和危险温度，即保持电气设备的正常运行，对于防火防爆有重要意义。

1. 保持电压、电流、温升等不超过允许值

(1) 通过所有导线的电流不得超过其安全载流量。

(2) 在爆炸危险场所，所用导线允许载流量不应低于线路熔断器额定电流的1.25倍和自动开关延时过电流脱扣器整定电流的1.25倍(电动机支线除外)；1 000 V以下鼠笼式电动机支线允许载流量不小于电动机额定电流的1.25倍。2台以上电动机连接回路(电动机支线除外)干线应以最大的一台额定电流的1.25倍加上其余电动机定额电流的总和来考虑。同时应注意线路或设备连接处的发热。

(3) 电气线路上必须装设过流保护装置，在不影响电气设备正常工作的情况下，应尽量整定得小一些。

(4) 高压线路应按短路电流进行热稳定校准(指1 000 V以下)。

(5) 在有按惯例或蒸气爆炸性混合物的爆炸危险场所，根据引燃温度组别，电气设备的最高允许表面温度应符合有关规定的要求。而在有粉尘或纤维爆炸性混合物的场所，电气设备最高允许表面外壳温度应符合表6-9的要求，必要时可放宽，但不得超过爆炸性混合物引燃温度的三分之二。

2. 保持电气设备绝缘良好　绝缘损坏可能造成人身触电事故，还可能由于泄漏电流、短路火花或短路电流造成火灾或设备事故。

3. 保持各导电部分连接可靠接触良好

(1) 各种触头表面要光洁平整，接触时要有足够的压力。在有振动的地方应有防松装置。

(2) 铜铝之间的连接，在通过较大电流时应采取铜铝过渡接头。铝导线间的连接应采用压接或焊接，不能采用简单的缠绕接法。

4. 保持电气设备清洁　设备脏污或灰尘堆积，既降低绝缘又妨碍通风和冷却。有电火花或是有纤维粉尘爆炸性混合物的场所，很容易导致火灾，应定期或经常地清扫电气设备。

(五) 保持通风良好

防爆通风、正压型电气设备的通风、正压系统应符合下列要求：

(1) 通风、正压系统必须采用非燃烧性材料制作，结构应坚固，连接应紧密。

(2) 通风、正压系统内不应有阻碍气流的死角。

(3) 电气设备应与通风、正压系统联锁。运行前必须先通风，通过的气体量大于系统容积的 5 倍时才能接通电气设备的电源。停机时，应先停电气设备，再停通风设备。

(4) 进入电气设备及其通风、正压系统内的气体，不应含有易燃物质或其他有害物质。

(5) 在运行中，电气设备及其通风、正压系统内的正压不应低于 50 Pa，当低于 50 Pa 时，应自动断开电气设备的主电源或发出信号。

(6) 通风系统排出的气体，不应排入爆炸危险场所，应采取有效措施防止火花和炽热颗粒排出。

(7) 对于闭路通风的防爆通风型电气设备及其通风系统，应供给清洁气体以补充漏损，保持系统正压。

(8) 电气设备外壳及其通风、正压系统的门或盖子上，应有警告标志或联锁装置，防止运行中错误打开。

(9) 变压器室一般采用自然通风。若采用机械通风时，其送风系统不应与爆炸危险场所的送风系统相连，且供给的空气不应含有爆炸性混合物或其他有害物质。蓄电池室可能有氢排出，应有良好的通风。

(10) 通风系统的电源必须可靠，应采用双回路供电方式。

(六) 接地装置

爆炸危险场所的接地(或接零)较一般场所要求高，应注意以下几点：

1. 除生产上有特殊要求的以外，一般场所不要求接地(或接零)的部分(参见第五章第一节)仍应接地(或接零)。例如：

(1) 在不良导电处，交流额定电压 380 V 及以下和直流电压 440 V 及以下的电气设备。

(2) 交流额定电压 127 V 及以下、直流额定电压 110 V 以下的电气设备。

(3) 安装在已接地的金属结构上的电气设备。

2. 为了保持电流途径不中断,防止出现电火花,必须将所有设备的金属部分、金属管道以及建筑物的金属结构全部接地(或接零),并连接成连续的整体。

3. 1 区、10 区场所内的所有电气设备和 2 区场所内除照明灯具以外的其他电气设备,应使用专门接地(零)线,该接地线若与相线敷设在同一保护管内时,应具有与相线相等的绝缘。而金属或电缆的金属包皮等只能作为辅助接地(零)线;2 区场所内的照明灯具有 11 区场所内的电气设备,允许利用连接可靠的金属管或金属桁架作为接地(零)线,不得利用输送爆炸危险物质的管道作接地线。

4. 单相设备的工作零线应与保护零线分开,相线和工作零线均应装设短路保护装置,并装设双极闸刀开关以同时操作相线和工作零线。

5. 在爆炸危险场所,如果由不接地系统供电,则必须装设能发出信号的绝缘监视装置。

6. 在爆炸危险场所,如果采用变压器低压中性接地的保护接零系统,为了提高可靠性,缩短短路故障持续时间,系统的单相短路电流应当大些,最小单相短路电流不得小于该段线路熔断额定电流的 5 倍或自动开关瞬时运作过电流脱扣器带整定电流的 1.5 倍。

7. 接地干线在爆炸危险区域不同方向应不少于两处与接地体连接。

8. 其接地装置与防止直击雷的独立避雷针的接地装置应分开设置,但与装在建筑物上的避雷针的接地装置可合并设置,也可与防雷电感应的接地装置合并设置。接地电阻值应取其中最低值。

五、电气灭火常识

电气火灾的特点:一是着火后电气设备和线路可能是带电的,如不注意,即可能引起触电事故;二是有些电气设备(如电力变压器、多油断路器等)本身充有大量的油,可能发生喷油甚至爆炸事故。

1. 触电危险和断电

(1) 带电火灾的触电危险:电气设备或电气线路发生火灾,如果没有及时切断电源,可能发生触电危险的情况有:① 扑救人员身体或所持器械可能触及带电部分;② 导电的灭火剂,如水枪射出的直流水柱、泡沫灭火机射出的泡沫等射至带电部分;③ 电气设备因绝缘损坏而碰壳短路;④ 电气线路因断落而接地短路,使不带电的金属构架、地面等部位带电,也可能导致接触电压或跨步电压触电的危险。

(2) 火灾断电:当发现电气起火后,首先立刻切断电源。切断电源时要注意以下几点:① 由于受潮或烟熏,开关设备绝缘能力降低,拉闸时应用绝缘工具操作;② 高压应先操作断路器而不应先操作隔离开关切断电源;低压应先操作磁力启动器而不应先操作闸刀开关切断电源,以免引起弧光短路;③ 切断电源的地点要选择适当，防止切断电源后影响灭火工作；④ 剪断电线时，非同相电线应在不同部位剪断，以免造成短路；剪断空中电线时，剪断位置应选择在电源方向的支持物附近，以防电线剪断后掉落下来造成接地短路或触电事故。

2. 带电灭火安全要求　有时为了争取灭火时间，来不及断电，或因生产需要或其他原因，不许断电，则需带电灭火。带电灭火需注意以下几点：

(1) 选择适当灭火机

① 用于带电灭火的灭火机有二氧化碳、四氯化碳、二氟二溴甲烷或干粉灭火机。它们的灭火剂是不导电的。

② 不宜用于带电灭火的灭火机：泡沫灭火机的灭火剂(水溶液)有一定的导电性，又对设备的绝缘有影响，不宜采用。

(2) 选择适当的灭火水枪

① 用于带电灭火的水枪：喷雾水枪，通过水柱的泄漏电流较小，带电灭火比较安全。

② 用普通直流水枪灭火时，为防止通过水柱的泄漏电流通过人体，可将水枪喷嘴接地(即将水枪喷嘴接向埋入接地体、或接向粗铜线网格接地板、或接向粗铜线网格鞋套)，也可让灭火人员穿戴绝缘手套和绝缘靴或穿戴均压服工作。

(3) 保持必要的安全距离

① 人体与带电体之间保持必要的安全距离。用水枪灭火：220 kV 及以上应大于 5 m，110 kV 以下应大于 3 m。用不导电灭火剂的灭火机灭火：35 kV 应大于 1 m，10 kV 应大于 0.6 m。

② 对架空线路等空中设备进行灭火时，人体位置与带电体之间的仰角不超过 45℃，以防导线断落伤人。

③ 如遇带电导线断落地面，要划出一定的警戒区，防止跨步电压伤人。

3. 充油设备灭火要求　充油设备内的油闪点多在 130～140 ℃之间，有较大的危险性。

(1) 设备外部起火，可采用不导电的灭火剂(如前)带电灭火。用四氯化碳灭火时，应站在上风侧，防止中毒。如火势较大，应切断电源，并可用水灭火。

(2) 油箱破裂，喷油燃烧，火势很大时除切断电源外，有事故贮油坑的应设法将油放进贮油坑，坑内和地面上的油火可用泡沫灭火。要防止燃烧着的油进入电缆沟而顺势蔓延。

(3) 电缆沟内的油火只能用泡沫覆盖扑灭。

(4) 发电机和电动机等旋转电器着火时，为防止轴和轴承变形，可令其慢慢转动，用喷雾水灭火，并使其均匀冷却，也可用不导电灭火剂的灭火机或蒸汽灭火，但不宜用干粉、沙子、泥土等灭火，以免损伤设备的绝缘。

第四节　电磁场防护

电磁场是电场和磁场的总体。电场的变化会产生磁场，磁场的变化又会产生电场。电场和磁场在空间的传播即电磁波。随着现代科技的高速发展，电磁辐射已成为继水污染、大气污染、噪声污染之后当今人们生活中的第四大污染。

一、电磁辐射场区的划分

1. 频段和波段划分　电磁波的频率即交流电的频率。50～60 Hz 的频率为工频，50 Hz 以上、1 000 Hz 以下为提高频率，1 000 Hz 以上、10 000 Hz 以下为中频，10 000 Hz 以上为高频。高频电磁场有较强的辐射特征，常称为射频电磁场。射频电磁场频段和波段的划分见表 6 - 16。较微波波长更小的是红外线、可见光、紫外线、X 射线等。

表 6 - 16　射频电磁场的频段和波段

频　段	高　频			超　高　频		特高频(微波)		
频率(MHz)	0.1 以下	0.1～1.5	1.5～6	6～30	30～300	300～3 000	3 000～30 000	30 000 以上
波长(m)	3 000 以上	3 000～200	200～50	50～60	10～1	1～0.1	0.1～0.01	0.01 以下
波段	长波	中波	中短波	短波	超短波	分米波	厘米波	毫米波

2. 常见的电磁辐射源　一般来说，雷达系统、电视和广播发射系统、射频感应及介质加热设备、射频及微波医疗设备、各种电加工设备、通信发射台站、卫星地球通信站、大型电力发电站、输变电设备、高压及超高压输电线、地铁列车及电气火车以及大多数家用电器等都是可以产生各种形式、不同频率、不同强度的电磁辐射源。

3. 电磁辐射测量采用的计量单位　通常，对大于 300 MHz 的微波频段，采用平均功率密度（$\mu W/cm^2$）作为计量单位，小于 300 MHz 的频段，采用电场强度（V/m）和磁场强度（A/m）作为计量单位。在进行电磁环境测量时，干扰场强国家计量标准采用单位为 $\mu V/m$，用分贝表示时，$1\ \mu V/m = 0$ dB。

4. 电磁辐射场区的划分　电磁辐射场区一般分为远区场和近区场。

对于一个固定的可以产生一定强度的电磁辐射源来说，近区场辐射的电磁场强度较大，所以，我们应该格外注意对电磁辐射近区场的防护。对电磁辐射近区场的防护，首先是对作业人员及处在近区场环境内的人员的防护，其次是对位于近区场内的各种电子、电气设备的防护。而对于远区场，由于电磁场强较小，通常对人的危害较小，这时我们应该考虑的主要因素就是对信号的保护。另外，应该有对近区场的概念，对我们最经常接触的从短波段 30 MHz 到微波段 3 000 MHz 的频段范围，其波长范围从 10 m 到 1 m。

二、电磁场对人体的作用

1. 电磁辐射危害人体的机理主要是热效应、非热效应和累积效应等。

(1) 热效应：人体 70%以上是水，水分子受到电磁波辐射后相互摩擦，引起机体升温，从而影响到体内器官的正常工作。

(2) 非热效应：人体的器官和组织都存在微弱的电磁场，它们是稳定和有序的，一旦受到外界电磁场的干扰，处于平衡状态的微弱电磁场即将遭到破坏，人体也会遭受损伤。

(3) 累积效应：热效应和非热效应作用于人体后，对人体的伤害尚未来得及自我修复之前(通常所说的人体承受力——内抗力)，再次受到电磁波辐射的话，其伤害程度就会发生累积，久之会成为永久性病态，危及生命。

2. 电磁场作用下人体的反应　中、短波电磁场对人体的作用主要是引起中枢神经系统功能失调和以交感神经抑制为主的植物神经功能失调，主要表现为神经衰弱综合征，多见头晕、睡眠不好、乏力、记忆力减退、心悸及头痛、四肢酸痛、食欲不振、脱发，多汗等症状。超短波和微波电磁场除引起较严重的神经衰弱症状外，最明显的是引起植物神经功能紊乱，并以副交感神经兴奋为主的心血管系统症状较多，如心悸、血压升高或降低、心动过缓或心动过速、心区疼痛等症状。

权威统计数据表明：经常在显示器前工作的人群中，上述疾病的发病率明显高于普通人群。电磁辐射是主要原因之一。

3. 影响、伤害人体的因素

(1) 电磁场强度：电磁场强度愈高，人体吸收能量愈多、伤害愈重。发射源功率愈大，离发射源愈近，则电磁场强度愈高。此外，由于二次发射，可能在空间某些点造成较高的电磁场强度。

(2) 照射时间：每次连续照射时间愈长以及累积照射时间愈长，伤害愈重。

(3) 频率和波形：频率愈高，体内偶极子激励愈剧烈，伤害愈重。在其他参数相同的情况下，脉冲波比连续波伤害重。

(4) 照射面积和部位：照射面积愈大，伤害愈重。被照射部位血管愈少，由于传热能力差，伤害也愈严重。

(5) 人体状况：健康不佳者、女性、儿童受到的伤害较重。

(6) 环境：环境温度愈高，伤害愈重。

4. 电磁场安全标准　常用的电磁方面的标准是《电磁辐射防护规定》(GB8702—88)、《环境电磁波卫生标准》(GB9175—88)、工业、科学、医疗射频设备无线电干扰辐射允许值(GB4824.1—84)。GB8702 针对电磁环境，以比吸收功率(人体单位质量的吸收功率)作为基本限值作了如下规定：

(1) 对于职业工作者，在每天 8 小时工作时间内，任意连续 6 min 照射，全身平均比吸收功率应低于 0.1 W/kg。

(2) 对于公众，在一天 24 小时内，任意连续 6 min 照射，全身平均比吸收功率应低于 0.02 W/kg。

三、电磁场防护措施

1. 屏蔽　包括电场屏蔽和磁场屏蔽。屏蔽的基本原理是屏蔽体在场源作用下，产生感应电荷或电流，限制电磁场传播，亦即限制电磁能流的传播。

屏蔽多用铜、铝制成，微波屏蔽可用铁(钢)制成。可以制成板状，亦可制成细、密的网状。电磁波进入导体衰减很快，一般厚度 1 mm 即可满足屏蔽要求。屏蔽边角要圆滑，要尽量减少不必要的开孔。

为了提高屏蔽效果，屏蔽宜靠近辐射源；但又不可太近，以致消耗太多的辐射能，影响高频设备的工作。

在现场，根据实际情况可采用工作人员自身屏蔽(包括屏蔽服、头盔、护目镜)、辐射源局部屏蔽和整体屏蔽(屏蔽室)。

2. 吸收　吸收装置是用特殊材料制成的屏蔽装置。有谐振型和匹配型等两种形式。谐振是利用加入铁粉、石墨粉等填料的塑料、橡胶、陶瓷等吸收材料的谐振特性，吸收辐射能量。吸收材料可以单独使用，亦可与普通屏蔽配合使用。匹配型是利用自由空间波阻抗的特征，实现匹配，吸收辐射能量。

3. 高频接地　包括高频设备接地和屏蔽接地。屏蔽接地能提高屏蔽效能。

高频接地线应用多股铜线或多层铜皮制成，以减小自感和涡流损耗。高频接地线不宜太长，最好能限制在波长的 1/4 以内，如不能满足这一要求，亦应避开波长1/4的奇数倍。屏蔽装置不宜多点接地，以避免可能的不平衡电流。

4. 抑制辐射　即合理选择或调整高频馈线、工作线圈等辐射源的布置和方位及采用其他类似方法抑制高频设备对外辐射。

5. 电磁辐射的人员防护措施　在可能形成电磁辐射的环境区域，应进行射频功率密度的检测。若射频功率密度超过 50 $\mu W/cm^2$ 的区域，应认为是电磁辐射潜在危险区，须考虑采取防护措施。首先应该考虑在辐射源的设备上采取措施，尽可能将其辐射值降低至国标限值之下。如果因为条件所限，无法降低辐射源周围的电磁场强度，而作业人员又必须在此环境下工作，或其他人员必须在此环境下生活，则对这些人员应该采取个体防护措施。

对电磁辐射区内工作人员的防护措施：

(1) 人员容易误入的危险区域应设有警告标记。除非有紧急情况，凡经计算或用场强计测量超过 50 $\mu W/cm^2$ 的区域，不允许人员在未采取防护措施的情况下进入。

(2) 应防止大功率信号发生器在试验过程中放电，因为它将对其周围区域内产生大于 50 $\mu W/cm^2$ 的电磁辐射。在做此类操作时，应用假负载或其他吸收材料吸收其输出能量。

(3) 应利用保护用品使辐射危害减至最小。必须保证在发射天线射束区内工作的维护人员穿好保护服装。

(4) 禁止身上带有金属移植件,心脏起搏器等辅助装置的人员进入电磁辐射区。

(5) 应给受到辐射源,电磁能和高压装置辐射的人员作定期身体检查。

(6) 在维修设备时或需在危险区内工作时先关闭高频源。如高频源不能关闭时,则可穿屏蔽衣或将高频源的输出降至安全水平;为了轻便,有时可着屏蔽裙及屏蔽头盔,以保护躯体主要部分的安全,至于眼部,则可戴防护眼镜。

(7) 在危险区周围安置围墙。

(8) 对在高频场作用下的工作人员进行医疗保健,定期检查观测并作记录。

思考题

1. 雷电现象的主要特征是什么?
2. 雷电的种类有哪些? 区别是什么?
3. 防雷装置包括哪些? 主要要求是什么?
4. 防止雷击人身的注意事项有哪些?
5. 静电现象有哪些表现形式?
6. 静电类型有哪几种? 其危害是什么?
7. 电气火灾和爆炸的直接原因有哪些? 电气火灾有哪两个特点?
8. 防火防爆有哪些技术措施?
9. 防爆电气设备选型应根据哪几点?
10. 发生电气火灾切断电源应注意些什么?
11. 火灾危险场所电气线路敷设有哪些具体要求?
12. 防止静电危害的对策措施是什么?
13. 工业静电如何预防?
14. 常见的电磁辐射源有哪些?
15. 电磁场防护有哪些措施?

第七章　电气安全用具和安全标识

为了保证电工作业安全地进行，防止操作者触电、坠落、电弧灼伤等危险发生，专用的电工安全用具、电压检测工具、防护和警告标识等必不可少。专用的电气安全用具主要为绝缘安全用具和一般防护用具。安全标识包括安全色与安全标志等。

第一节　绝缘安全用具

绝缘安全用具分为两种：一是基本绝缘安全用具；二是辅助绝缘安全用具。

一、基本绝缘安全用具

凡可以直接接触带电部分、能够长时间可靠地承受电气设备工作电压的用具，称基本绝缘安全用具。高压设备的基本绝缘安全用具有绝缘棒、绝缘夹钳和高压试电笔等。低压设备的基本绝缘安全用具有绝缘手套、装有绝缘柄的工具和低压试电笔等。

1. 绝缘棒　绝缘棒也称操作棒或绝缘拉杆，俗称令克棒。常用优良木材、电木、胶木、塑料、环氧玻璃布棒或环氧玻璃管制作，由工作部分、绝缘部分、隔离环、握手部分组成，如图 7-1 所示。

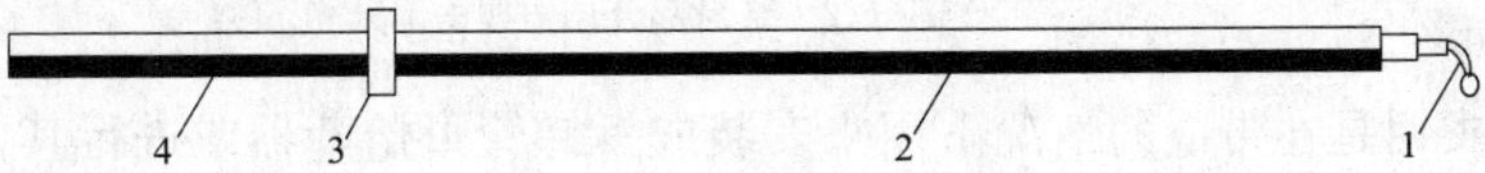

图 7-1　绝缘棒结构图

1—工作部分；2—绝缘部分；3—隔离环；4—握手部分

绝缘棒用以操作高压跌落式熔断器、单极隔离开关、油断路器及装卸临时接地线等。在不同工作电压的线路上使用的绝缘棒可按表 7-1 选用。

表 7-1　绝缘棒规格与参数

电压规格	棒长		工作部位长度(mm)	绝缘部位长度(mm)	手握部位长度(mm)	棒身长度(mm)	钩子宽度(mm)	钩子终端直径(mm)
	全长(m)	节数						
500 V	1 640	1	185	1 000	455	38	50	13.5
10 kV	2 000	2		1 200	615			
35 kV	3 000	3		1 950	890			

在使用中要注意下列事项：

(1) 使用前进行外观检查，应无裂纹、划痕、毛刺、孔洞、断裂及机械损伤，表面清洁干燥。使用时应穿戴相应电压等级的绝缘手套、绝缘靴或站在绝缘垫(台)上进行。

(2) 操作时应带绝缘手套,穿绝缘靴或站在绝缘垫(台)上。

(3) 操作者的手握部位不得越过隔离环。

(4) 绝缘棒的型号、规格必须符合规定,并经省级及以上鉴定机构审鉴合格,切不可任意取用。

(5) 在下雨、下雪或潮湿的天气,室外使用绝缘棒时,棒上应装有防雨的伞形罩。没有伞形罩的绝缘棒,不宜在上述天气中使用。

(6) 在使用绝缘棒时要注意防止碰撞,以免损坏表面的绝缘层。绝缘棒应存放在干燥的地方,一般将其放在特制的架子上。绝缘棒不得与墙或地面接触,以免碰伤其绝缘表面。

(7) 绝缘棒应按规定进行定期绝缘试验,试验合格的方可继续使用。

2. 绝缘夹钳 绝缘夹钳的结构形状如图 7-2 所示,主要也是由工作部分、绝缘部分、握手部分组成,用电木、胶木或经亚麻仁油浸煮过的优质木材制作。

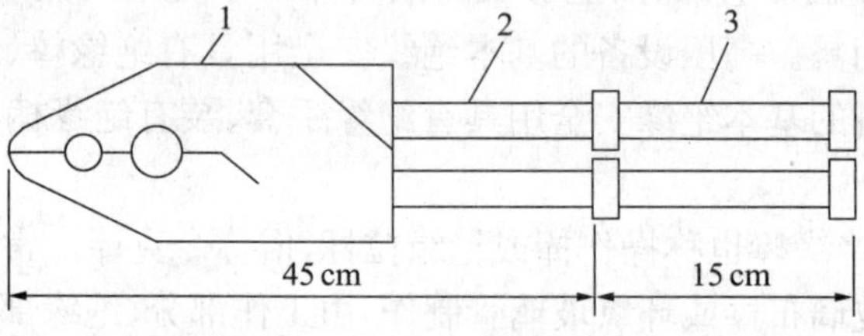

图 7-2 10 kV 绝缘夹钳示意图

1—工作部分;2—绝缘部分;3—握手部分

绝缘夹钳是在带电的情况下用来安装或拆卸管形熔断器或进行其他类似工作的工具。在 35 kV 及以下的电力系统中,绝缘夹钳为基本安全用具之一;而在35 kV 以上的电力系统中通常不使用绝缘夹钳。绝缘夹钳的最小长度见表 7-2 所示。

表 7-2 绝缘夹钳的最小长度(m)

电压规格	户 内 设 备		户外设备及架空线用	
	绝缘部分	握手部分	绝缘部分	握手部分
10 kV 及以下	0.45	0.15	0.75	0.20
35 kV 及以下	0.75	0.20	1.20	0.20

绝缘夹钳使用时要注意以下几点:

(1) 检查绝缘夹钳,钳体应无损,表面清洁干燥。

(2) 使用绝缘夹钳时应穿戴好绝缘手套、绝缘靴,并戴上护目镜,必须在切断负载的情况下操作。

(3) 在雨、雪、潮湿天气时应使用专用防雨绝缘夹钳。

(4) 使用时应集中精神,注意保持身体平衡,紧握钳把,不得使夹持物脱落,动作应准确、迅速、有力,尽量减少与高压带电体的接触时间,同时应有专人监护。

(5) 绝缘夹钳必须按规定进行定期绝缘试验,试验合格的方可继续使用,并应有有效试验期合格证。

3. 验电器　验电器是检验电气设备是否带电的一种安全用具,分低压验电器和高压验电器两种。其结构如图 7-3、7-4 所示。

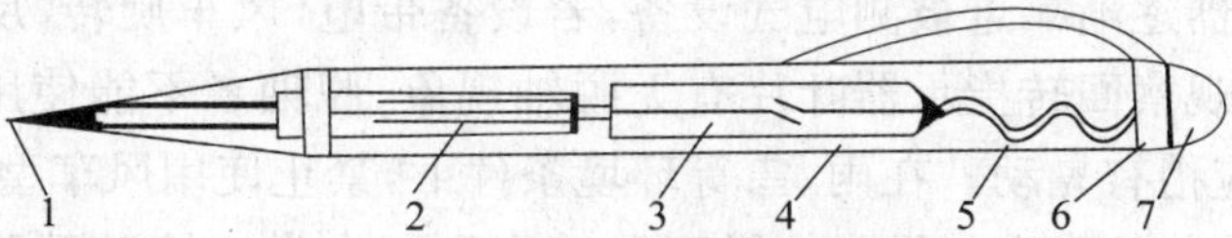

图 7-3　低压验电器结构图

1—工作触头;2—碳精电阻;3—氖灯;4—握柄(绝缘部分);
5—弹簧;6—金属配件;7—帽座

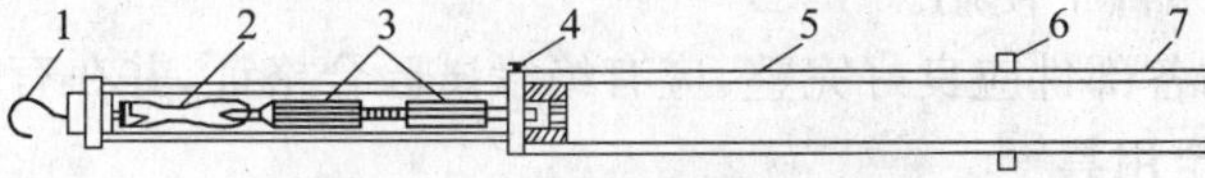

图 7-4　高压验电器结构图

1—工作触头;2—氖灯;3—电容器;4—接地螺丝;
5—支持器(绝缘部分);6—隔离环;7—握手部分

验电器一般利用电容电流经氖气灯泡发光的原理制成,故称发光电容型验电器,从安全角度考虑,高压发光型验电器发光部分须离人较远,但这样又不易观察。为此,近年来科研部门开发研制了几种新型验电器,如有源声光验电器、风车验电器等。使用验电器时应注意以下事项:

(1) 低压验电器(相对地电压为 250 V 及以下)

① 验电器各部件应良好、完整,应为合格产品。

② 使用前应在确认有电的设备上进行校验,确认验电器良好后方可进行验电。在强光下验电时应采取遮挡措施,以防误判断。

③ 验电器可区分火线和地线,接触时氖泡发光的线是火线(相线),氖泡不亮的线为地线(中性线或零线)。

④ 验电器可区分交流电和直流电,氖泡两极发光的是交流电,一极发光的是直流电,且发光的一极是直流电源的负极。

(2) 高压验电器(1 000 V 及以上电压)

① 验电器的电压等级必须与被试设备的额定电压相对应,验电前应在有电的设备上校核验电器,以确保其指示可靠。

② 在使用高压验电器时操作者应戴绝缘手套。

③ 使用发光型验电器时，应逐渐靠近接触带电部分，至氖泡发亮。

④ 高压验电器在使用时一般不应接地，但在木框架上验电，如果不接地线不能指示时，可利用验电器上接地螺丝部分加接专用接地线，但必须经值班负责人许可，并要防止接地线引起的短路事故。

⑤ 注意被试部位各方向的邻近带电体电场的影响，防止误判断。

⑥ 风车型验电器是通过带电导体尖端放电产生的电晕风，驱动金属叶片旋转来检查设备是否带电。风车验电器由风车指示器和绝缘操作杆等组成。使用时只要将风车指示器逐渐靠近被测电气设备，若设备带电，风车旋转，反之则风车不转动。使用前应观察回转指示器叶片有无脱轴现象，脱轴者不能使用。轻轻摇晃验电器，其叶片应稍有晃动。在雨、雪等环境条件下，禁止使用风车型验电器。

⑦ 有源声光报警验电器分接触型和感应型两大类。接触型验电器只有其金属触头触及带电体，才会发出声光报警，其准确可靠性较好。感应型验电器不与带电体接触，通过感应信号报警，但其抗干扰能力差，因此感应型报警验电器宜在带电体稀疏的特定条件下使用。

⑧ 验电器的各部件应良好完整，应有绝缘试验合格证，并在有效试验期内。

二、辅助安全用具

辅助安全用具是指用来进一步加强基本安全用具的可靠性和防止接触电压及跨步电压危险的安全用具。辅助安全用具有绝缘手套、绝缘靴、绝缘垫和绝缘站台等。

1. 绝缘手套　绝缘手套是用绝缘性能良好的特种橡胶制成，要求柔软轻薄，有足够的绝缘强度和机械性能。绝缘手套可以使人的两手与带电体绝缘，防止人手触及同一电位带电体或同时触及不同电位带电体而触电。是在现有的绝缘安全用具中，使用范围最广，用量最多的辅助安全用具。按所用的原料可分为橡胶和乳胶绝缘手套两大类。

绝缘手套按其绝缘等级划分，有 12 kV 和 5 kV 两种。12 kV 绝缘手套在 1 kV 以上高压区作业时只能作为辅助安全用具，不得接触带电体；在 1 kV 以下使用时可作为基本安全用具；5 kV 绝缘手套只适合在低压作业时作为辅助安全用具使用；1 kV 以上高压区禁止使用。

2. 绝缘靴　绝缘靴的作用是使人体与地面绝缘，防止试验电压范围内的跨步电压触电，它只能作为辅助安全用具使用。

绝缘靴按其绝缘等级可划分为 20 kV 短靴、6 kV 长筒靴和 5 kV 绝缘靴。5 kV绝缘靴适用于低压作业电工穿用，1 kV 以上严禁使用；6 kV 绝缘靴为矿用长筒绝缘靴，适用于矿井下操作 600 V 及以下电气设备的辅助安全用具；20 kV 绝缘靴在 1～220 kV 高电压区可作为辅助安全用具，不得触及带电体，在 1 kV 以下可作为基本安全用具，但穿靴后人体各部位不得触及带电体。

各种绝缘靴的外观、色泽与其他防护靴或日常生活用鞋应有显著区别，并在明显处标出“绝缘”字样，并有有效的试验合格证和耐压等级（试验电压和使用电压），以便区别，防止误用。

3. 绝缘垫和绝缘台　绝缘垫一般由橡胶制成，厚度不小于 5 mm，表面有防滑条纹，通常铺设在配电室的地面上，以加强作业人员对地的绝缘，防止接触电压和跨步电压。在 1～220 kV 高压区作为辅助安全用具，但不能触及带电体；在 1 kV 以下可作为基本安全用具，并可接触有电设备。

绝缘台通常用干燥的直木纹无节疤的优质木条或优质绝缘尼龙制品制成，相邻木条间隔不大于 25 mm，台面用绝缘子支持，尺寸一般不小于 75 cm×75 cm，不大于 150 cm×100 cm，台面边缘不应超出绝缘脚外，绝缘脚的高度不低于100 mm。

绝缘台只能作为辅助安全用具，使用时应放在坚硬平整的地面上，附近不能有杂草等，以免绝缘子陷入泥草中降低绝缘性能。

第二节　一般安全用具

一般防护安全用具包括临时接地线、隔离板、遮拦、各种安全牌、安全带等。

一、携带型接地线

当高压设备停电检修或进行其他工作时，为了防止停电突然来电和邻近高压带电设备对停电设备所产生的感应电压对人体的危害，需要用携带型接地线将停电设备已停电的三相电源短路接地，同时将设备上的残余电荷对地放掉。试验证明，接地线对保证人身安全十分重要。现场工作人员常称携带型接地线为“保命线”。

携带型接地线主要由短路各相的导线、接地用的导线及将上述两种导线接到设备停电部分和接地装置上的连接器（也称线卡子）以及绝缘杆等部分组成。短路各相用的导线采用多股软铜线，其截面积应能满足短路时热稳定的要求，即在较大短路电流通过时，导线不会因产生高热而熔化。为了保证有足够的机械强度，截面积应不小于 25 mm^2，且有透明绝缘。

携带型接地线的连接器（线卡子或线夹）装上后，要求接触良好，并有足够的夹持力，防止在短路电流幅值较大时，由于接触不良而熔断，或由于夹持力不够，当受短路电流的电动力作用时发生脱落。携带型接地线有统一编号和固定存放位置。在存放接地线的位置上也要有编号，以便将接地线按照相对应的编号放在固定的位置，即“对号入座”。

为了保证接地线、各连接器与设备的导电部分均接触良好，一般在安装设备时，将设备的导电部分和接地装置的接地干线以及可能装设接地线的地方擦拭干净，并在表面镀锡，作为标志。

二、隔离板和临时遮拦

在高压电气设备上进行部分停电工作时，为了防止工作人员走错位置，误入带电间隔或接近带电设备至危险距离，一般采用隔离板、临时遮拦或其他隔离装置进行防护。

隔离板用干燥的木板做成。高度一般不小于1.8 m，下部边沿离地面不超过10 cm。板上有明显的警告标志："止步，高压危险"。隔离板要求轻便，制作牢固、稳定，不易倾倒。隔离板也可做成栅栏形状，既轻便又省料。

在室外进行高压设备部分停电作业时，用警告色线网或绳子拉成遮拦，称为临时遮拦。一般可在停电设备的周围插上金属棍，将线网或绳子牢固地挂在金属棍上。这种遮拦要求对地距离不小于1.2 m，并挂设警告牌标志等。

三、安全带

安全带是防止坠落的安全用具。用皮革、帆布或化纤材料制成。安全带由大小两根带子组成，小的系在腰部偏下作束紧用，大的系在电杆或其他牢固的构件上，安全带一根的拉力一般不应低于2 250 N。不许用一般绳带代替安全带。安全带是保护人身安全的特种安全用具，因此，安全带应经过省级及以上鉴定部门鉴定合格后方可使用。

第三节　安全用具的检验和保管

一、安全用具的维护保管

1. 绝缘棒应垂直存放，架在支架上或吊挂在室内，不要接触墙壁。

2. 橡胶绝缘手套、绝缘靴鞋等，应倒置在指定支架上或存放在柜内，其上不得堆压任何物件。

3. 橡胶制品的安全用具不应与石油类的油脂接触。存放处的环境温度不能过冷或过热。

4. 绝缘台的瓷绝缘子应保持无裂纹破损，木质台面要保持清洁干燥。

5. 验电器用后存放于匣内，置于干燥处，避免积灰和受潮。

6. 存放安全用具的地点，应有明显的标志，"对号入座"，做到定置存放、存取方便。

7. 安全用具严禁移作他用。

8. 安全用具应有管理制度，有专人负责保管，并定期检查其是否齐全完好。

9. 定期对安全用具进行电气测试，在每具(件)安全用具上标贴有效使用周期和合格证。

二、安全用具的定期试验

用于防止触电的安全用具应定期做耐压试验，有些高压辅助安全用具还要做泄漏电流试验。根据电力安全工作规程使用中的安全用具试验项目、周期和要求见表7-3所示。

表 7-3　常用电气绝缘安全工具试验项目、周期和要求

序号	器具	项目	周期	要求：额定电压(kV)	试验长度(m)	工频耐压(kV) 1 min	工频耐压(kV) 5 min	说明
1	电容型验电器	A. 启动电压试验	1年	启动电压值不高于额定电压的40%，不低于额定电压的15%				试验时接触电极应与试验电极相接触
		B. 工频耐压试验	1年	10	0.7	45	—	
				35	0.9	95	—	
				63	1.0	175	—	
				110	1.3	220	—	
				220	2.1	440	—	
				330	3.2	—	380	
				500	4.1	—	580	
2	携带型短路接地线	A. 成组直流电阻试验	不超过5年	在各接线鼻之间测量直流电阻，对于25,35,50,70,95,120 (mm^2)的各种截面，平均每米的电阻值应分别小于0.79,0.56,0.40,0.28,0.21,0.16 (mΩ)				同一批次抽测，不少于2条，接线鼻与软导线压接的应做该试验
		B. 操作棒的工频耐压试验	4年	10	—	45	—	验电压加在护环与紧固头之间
				35	—	95	—	
				63	—	175	—	
				110	—	220	—	
				220	—	440	—	
				330	—	—	380	
				500	—	—	580	
3	个人保安线	成组直流电阻试验	不超过5年	在各接线鼻之间测量直流电阻，对10,16,25 (mm^2)各种截面，平均每米的电阻值应分别小于1.98,1.24,0.79 (mΩ)				同一批次抽测，不少于2条
4	绝缘杆	工频耐压试验	1年	10	0.7	45	—	
				35	0.9	95	—	
				63	1.0	175	—	
				110	1.3	220	—	
				220	2.1	440	—	
				330	3.2	—	380	
				500	4.1	—	580	

续表 7-3

序号	器具	项　目	周期	要　求				说　明
5	核相器	A. 连接导线绝缘强度试验	必要时	额定电压（kV）	工频耐压（kV）	持续时间（min）		浸在电阻率小于100 Ω·m的水中
				10	8	5		
				35	28	5		
		B. 绝缘部分工频耐压试验	1年	额定电压（kV）	试验长度（m）	工频耐压（kV）	持续时间（min）	
				10	0.7	45	1	
				35	0.9	95	1	
		C. 电阻管泄漏电流试验	半年	额定电压（kV）	工频耐压（kV）	持续时间（min）	泄漏电流（mA）	
				10	10	1	≤2	
				35	35	1	≤2	
		D. 动作电压试验	1年	最低动作电压应达 0.25 倍额定电压				
6	绝缘罩	工频耐压试验	1年	额定电压（kV）	工频耐压（kV）	时间（min）		
				6～10	30	1		
				35	80	1		
7	绝缘隔板	A. 表面工频耐压试验	1年	额定电压（kV）	工频耐压（kV）	持续时间（min）		极间距离 300 mm
				6～35	60	1		
		B. 工频耐压试验	1年	额定电压（kV）	工频耐压（kV）	持续时间（min）		
				6～10	30	1		
				35	80	1		
8	绝缘胶垫	工频耐压试验	1年	电压等级	工频耐压（kV）	持续时间（min）		使用于带电设备区域
				高压	15	1		
				低压	3.5	1		
9	绝缘靴	工频耐压试验	半年	工频耐压（kV）	持续时间（min）	泄漏电流（mA）		
				25	1	≤10		
10	绝缘手套	工频耐压试验	半年	电压等级	工频耐压（kV）	持续时间（min）	泄漏电流（mA）	
				高压	8	1	≤9	
				低压	2.5	1	≤2.5	
11	导电鞋	直流电阻试验	穿用不超过200h	电阻值小于 100 kΩ				

注：接地线如用于各电源侧和有可能倒送电的各侧均已停电，其操作棒预防性试验的工频耐压可只做10 kV级，且试验周期可延长到不超过5年一次。

登高作业和起重作业的安全工具，应定期做静拉力试验；起重工具则应做静荷重试验。此外，还要对这些工具每月进行一次外观检查，以保持其完好状态。根据电力安全工作规程登高工具和起重工具的试验内容和标准见表 7－4 和表 7－5 所示。

表 7－4　登高作业安全工具试验标准

序号	名　称	项　目	周　期	要　求			说　明
				种类	试验静拉力(N)	载荷时间(min)	
1	安全带	静负荷试验	1年	围杆带	2 205	5	牛皮带试验周期为半年
				围杆绳	2 205	5	
				护腰带	1 470	5	
				安全绳	2 205	5	
2	安全帽	冲击性能试验	按规定期限	受冲击力小于 4 900 N			使用寿命：从制造之日起，塑料帽≤2.5 年，玻璃钢帽≤3.5 年
		耐穿刺性能试验	按规定期限	钢锥不接触头模表面			
3	脚扣	静负荷试验	1年	施加 1 176 N 静压力，持续时间 5 min			
4	升降板	静负荷试验	半年	施加 2 205 N 静压力，持续时间 5 min			
5	竹(木)梯	静负荷试验	半年	施加 1 765 N 静压力，持续时间 5 min			

表 7－5　起重作业安全工具试验标准

分类	名　称	试验静重(kg)	试验持续时间(min)	试验周期	外表检查周期
起重工具	白棕绳 钢丝绳 铁链 葫芦及滑车扒杆 扒杆 夹头及卡环 吊钩 绞磨	2倍 2倍 2倍 1.25倍 2倍 2倍 1.25倍 1.25倍	10	每年一次	每月一次

注：起重工具的试验静重指允许工作倍数。

第四节　电气安全标志

为了引起人们对不安全因素的注意，预防电气伤害事故的发生，需要在厂矿、建筑行业等内部的各有关场所作出或悬挂醒目标志。

一、安全色

安全色是表达安全信息含义的颜色，用来表示禁止、警告、指令、提示等。安全色规定为红、蓝、黄、绿四种颜色，其含义和用途见表 7-6 所示。

对比色是使安全色更加醒目的反衬色，有黑、白两种，如安全色需要使用对比色时，应按如下方法使用，即红与白，蓝与白，绿与白，黄与黑。也可以使用红白相间、蓝白相间、黄黑相间条纹表示强化含义。

在电气上用黄、绿、红三色分别代表 L_1、L_2、L_3 三个相位；涂成红色的电器外壳是表示其外壳有电；灰色的电器外壳是表示其外壳接地或接零；线路上黑色代表工作零线；明敷接地扁钢或圆钢涂黑色。用黄绿双色绝缘导线代表保护零线。直流电中红色代表正极，蓝色代表负极，信号和警告回路用白色。

二、安全标志

安全标志由安全色、几何图形和图形符号构成，用以表达特定的安全信息。安全标志可以和文字说明、补充标志同时使用。

表 7-6　安全色的含义及用途

色别	含义	用途举例
红色	禁止 停止	禁止标志 停止信号：机器、车辆上的紧急停止按钮，以及禁止人们触动的部位
	红色也表示防火	
蓝色	指令 必须遵守的规定	指令标志
黄色	警告 注意	警示标志、警戒标志等 安全帽
绿色	提供信息 安全 通行	提示标志：启动按钮 安全标志：安全信号旗 通行标志

1. 安全标志的分类　安全标志分为禁止标志、警告标志、指令标志、提示标志四类，还有补充标志。

(1) 禁止标志：禁止标志的含义是不准或制止人们的某些行动。禁止标志的几何图形是带斜杠的圆环，其中圆环与斜杠相连，用红色；图形符号用黑色，背景用白色。我国规定的禁止标志共有 28 个，有禁放易燃物、禁止吸烟、禁止通行、禁止烟火、禁止用水灭火、禁带火种、禁止启动、修理时禁止转动、运行时禁止加油、禁止跨越、禁止乘车、禁止攀登等。

(2) 警告标志：警告标志的含义是警告人们可能发生的危险。警告标志的几何图形是黑色的正三角形、黑色符号或黄色背景。我国规定的警告标志共有 30 个，有：注意安全、当心触电、当心爆炸、当心火灾、当心腐蚀、当心中毒、当心机械伤人、当心伤手、当心吊物、当心扎脚、当心落物、当心坠落、当心车辆、当心弧光、当心冒顶、当心瓦斯、当心坑洞、当心电离辐射、当心裂变物质、当心激光、当心微波、当心滑跌等。

(3) 命令标志:命令标志的含义是必须遵守。命令标志的几何图形是圆形,蓝色背景、白色图形符号。命令标志共有 15 个,有:必须戴安全帽、必须穿防护鞋、必须系安全带、必须戴防护眼镜、必须戴防毒面具、必须戴护耳器、必须戴防护手套、必须穿防护服等。

(4) 指令标志:指令标志的含义是示意目标的方向。指令标志的几何图形是方型,绿、红色背景,白色图形符号及文字。指令标志共有 13 个,其中一般提示标志(绿色背景)有 6 个:安全通道、太平门等;消防设备指令标志(红色背景)有 7 个:消防警铃、火警电话、地下消火栓、地上消火栓、消防水带、灭火器、消防水泵结合器。

(5) 补充标志:补充标志是对前述四种标志的补充说明,以防误解。补充标志分为横写和竖写两种。横写为长方形,写在标志的下方,可以和标志连在一起,也可以分开;竖写的写在标志杆上部。补充标志的颜色:竖写的均为白底黑字;横写的,用于禁止标志的用红底白字,用于警告标志的用白底黑字,用于指令标志的用蓝底白字。

2. 安全标志的其他规定

(1) 安全标志都应自带衬底色,采用与安全标志相应的对比色。其衬底的边宽,最小为 2 mm,最大为 10 mm。

(2) 安全标志牌应用坚固耐用的材料制作,如金属板、塑料板、木板等,标志牌应无毛刺和洞孔,也可以直接画在墙壁上或机具上。

(3) 有触电危险的场所,其标志牌应使用绝缘材料来制作。

(4) 标志杆的条纹颜色应和安全标志相一致。

(5) 安全标志应放在醒目、与安全有关的地方,并使人们看到后有足够的时间来理解它表示的内容。安全标志不宜设在门、窗、架等可移动的物体上,以免这些物体移动后人们看不见标志。

(6) 安全标志牌每年至少应检查一次,如发现有变形、破损或图形符号脱落以及变色不符合安全色范围时,应及时修整或更换。

三、电气常用标示牌

根据国家电网公司《电力安全工作规程》(变电站和发电厂电气部分)的规定要求,电气常用标示牌有“禁止合闸,有人工作”、“禁止合闸,线路有人工作”、“禁止分闸”、“在此工作”、“止步,高压危险”、“从此上下”、“从此进出”、“禁止攀登,高压危险”8 种。悬挂处和式样等见表 7 - 7 所示。

表 7－7　标示牌式样

名　称	悬挂处	式　样		
		尺寸(mm×mm)	颜　色	字　样
禁止合闸，有人工作！	一经合闸即可送电到施工设备的断路器(开关)和隔离开关(刀闸)操作把手上	200×160 和 80×65	白底，红色圆形斜杠，黑色禁止标志符号	黑字
名　称	悬挂处	式　样		
		尺寸(mm×mm)	颜　色	字　样
禁止合闸，线路有人工作！	线路断路器(开关)和隔离开关(刀闸)把手上	200×160 和 80×65	白底，红色圆形斜杠，黑色禁止标志符号	黑字
禁止分闸！	接地刀闸与检修设备之间的断路器(开关)操作把手上	200×160 和 80×65	白底，红色圆形斜杠，黑色禁止标志符号	黑字
在此工作！	工作地点或检修设备上	250×250 和 80×80	衬底为绿色，中有直径 200 mm 和 65 mm 白圆圈	黑字，写于白圆圈中
止步，高压危险！	施工地点临近带电设备的遮拦上；室外工作地点的围栏上；禁止通行的过道上；高压试验地点；室外构架上；工作地点临近带电设备的横梁上	300×240 和 200×160	白底，黑色正三角形及标志符号，衬底为黄色	黑字
从此上下！	工作人员可以上下的铁架、爬梯上	250×250	衬底为绿色，中有直径 200 mm 白圆圈	黑字，写于白圆圈中
从此进出！	室外工作地点围栏的出入口处	250×250	衬底为绿色，中有直径 200 mm 白圆圈	黑体黑字，写于白圆圈中
禁止攀登，高压危险！	高压配电装置构架的爬梯上，变压器、电抗器等设备的爬梯上	500×400 和 200×160	白底，红色圆形斜杠，黑色禁止标志符号	黑字

注：在计算机显示屏上一经合闸即可送电到工作地点的断路器(开关)和隔离开关(刀闸)的操作把手处所设置的“禁止合闸，有人工作！”和“禁止合闸，线路有人工作！”和“禁止分闸”的标记可参照上表中有关标示牌的式样。

思考题

1. 低压设备的基本绝缘安全用具有哪些?
2. 用绝缘棒应注意哪些事项?
3. 主要的辅助安全用具有哪些?
4. 如何维护保管安全用具?
5. 怎样正确使用低压验电器?
6. 一般安全防护用具包括哪些?
7. 简述安全色的分类和含义?
8. 安全标志分哪几类?

第八章　高压电器和变配电安全操作

第一节　高压电器概述

一、高压电器定义

在交流 1 kV 以上、直流 1.5 kV 以上高压线路中用来实现关合、开断、保护、控制、调节、量测的设备为高压电器，一般情况下也把变压器列入高压电器。

二、高压电器分类

1. 按性能分类

(1) 开关电器：用来关合及开断电路的电器。主要有：

断路器——在电路正常工作和发生故障（例如发生短路）时关合和开断电路；

隔离开关——将高压设备与电源隔离，以保证检修工作人员的安全；

熔断器——在电路发生过载或短路时依靠熔件的熔断开断电路；

负荷开关——在电路正常工作或过载时关合和开断电路，它不能开断短路电流。

(2) 限制电器：用来限制电路中电压或电流的电器。主要有：

电抗器——主要用来限制电路中的短路电流。某些类型的熔断器也有限制短路电流的作用；

避雷器——用来限制电路中出现的过电压或过电流的电器。

(3) 变换电器：用来变换电路中的电压和电流使之便于检测的电器。主要有：

电力变压器——用来变换电压等级，为生产、生活提供电力的电器；

电流互感器——用来变换电路中的电流，以便供电给测量仪表、继电器或自动装置，并使之与高压电路隔离的电器；

电压互感器——用来变换电路中的电压，以便供电给测量仪表、继电器或自动装置，并使之与高压电路隔离的电器。

(4) 组合电器：将上述几种电器，按一定的线路装配成一个电器整体为组合电器，如高压开关柜、箱式变电站等。

2. 按照安装地点分类

(1) 户内式：装在建筑物内，一般工作在 35 kV 及以下的电压等级。

(2) 户外式：适用于安装在露天，一般工作在 35 kV 及以上的电压等级。

3. 按照电流制式分类

(1) 交流电器：工作于三相或单相工频交流制的电器，极少数工作在非工频系统。

(2) 直流电器：工作于直流制的电器，常用于电气化铁道城市交通系统。

4. 断路器按灭弧介质的不同分类

(1) 油断路器：灭弧介质是变压器油，它又分为少油断路器和多油断路器两种。

(2) 真空断路器：是将动、静触头密封于一个真空灭弧室（俗称真空包）内，以高度真空的密封空间作为灭弧介质。

(3) 六氟化硫断路器：是以六氟化硫气体作为灭弧介质的一种新型断路器。

(4) 压缩空气断路器：是以高速流动的压缩空气作为灭弧介质的一种断路器。

(5) 固体产气断路器：是利用固体介质受电弧作用分解气体来实现灭弧的一种断路器。

(6) 磁吹断路器：是利用电磁力驱使电弧进入绝缘狭缝中，将电弧拉长并冷却，以实现熄灭电弧的一种断路器。

三、高压电器安全的基本要求

高压电器安全的基本要求主要包括一般电气性能的要求、自然环境方面的要求和其他方面的要求。

1. 一般电气性能的要求

高压电器应能够长期承受各种电压、电流的作用而不致损坏。

(1) 电压方面：额定电压一定的高压电器，其绝缘部分应能长期承受最大工作电压的作用，而且还应能承受相应程度的大气过电压和内部过电压的作用。标志这方面性能的参数是：最大工作电压、工频试验电压、全波和载波冲击试验电压、操作波试验电压。

(2) 电流方面：高压电器的导电部分长期通过工作电流时，各部分的温升不超过允许值。通过短路电流时，不应因电动力作用而受到损坏，各部分温升不应超过短路时的温升允许值，触头不应发生熔焊或损坏。这些性能都与电流大小有关，标志这方面的性能参数是：额定电流、动稳定电流、热稳定电流等。

2. 自然环境方面的要求

高压电器应在周围各种环境下可靠地工作。

(1) 环境温度：高压电器有关标准规定，产品的使用环境温度为－40 ℃至＋40 ℃。温度过低会使变压器油、液压油及润滑油的黏度增加，影响开关的分合闸速度，使六氟化硫气体液化，密封材料性能劣化造成漏油、漏气，以致电气设备不能正常工作；温度过高，可能造成导气部分过热及电容套管的密封胶渗出等，特别是户外型产品在阳光直射下极易过热。

(2) 海拔：① 对绝缘的影响：高海拔（1 000～3 500 m）地区的大气压力低，耐压水平会随之降低;② 对电器发热温度的影响:高海拔地区空气稀薄,散热效果差,允许通过电流应适当减小一些。在我国有关标准中规定,一般使用环境按海拔低于 1 000 m 及 2 500 m 两挡考虑。

(3) 湿度:我国南方地区相对湿度长期在 90%以上。湿度大极易引起金属零部件的锈蚀、绝缘受潮、出现凝露使油漆层脱落,甚至影响运动部件的动作。

(4) 风速:户外型高压电器在过大的风速下,有可能出现变形甚至断裂。

(5) 污秽:沿海及重工业、化学工业集中地区,空气污染严重,常发生高压电器的绝缘表面污闪事故。

(6) 大雨:户外型高压电器在大雨中若进水,会使绝缘强度下降,金属件锈蚀等。

(7) 地震:我国处于地震多发区,高压电器抗震性能差会造成断裂损坏等。

(8) 湿热地区:这类地区的特点是:湿度高,相对湿度高达 95%左右;雨量大,最大降雨强度可达 10 min50 mm;气温高,最高可达+40 ℃以上,阳光直射下可达+80℃;此外还有霉菌、昆虫等造成的生物损害。这些对高压电器的运行均为不利。因此我国除生产一般电器设备以外,还专门生产一种三防产品(防湿热、防霉、防盐雾),以满足湿热地区的要求。

(9) 干热地区:这类地区的特点是:环境温度为−5 ℃至+50 ℃,阳光直射下黑色物体表面温度可达+90 ℃;有昆虫、砂尘。高压电器在这种条件下工作将更难以保持其性能。

3. 其他方面的要求

高压电器的种类繁多,应满足的要求不尽相同。如电压互感器和电流互感器就有误差方面的要求。而断路器结构复杂、功能多,对于它的要求也更多,这些要求主要为防止开断短路故障、关合短路故障,满足快速分断和自动重合闸等方面的要求。

第二节 高压电器运行与维护

一、断路器运行和维护

1. 真空断路器和 SF_6 断路器的灭弧室均属免维护部件。断路器的操作机构一般都由厂家一体化设计,同一规格断路器,不同厂家产品存在差异,给零部件更换、替代造成了困难。非一体化设计的外配型操作机构有统一型的操作机构,零部件更换较方便。

2. 真空灭弧室是定型产品,同一型号可以互换,不同型号,只要技术性能一致,外形主要尺寸相同基本也能互换。

3. SF_6 灭弧室基本免维护,如要解体大修,检修工艺复杂,气体处理、回收、净化和测试要有专门设备,气体不允许直接排放到大气中。操作机构和真空断路器的处理一样。

断路器运行前要了解各项测试记录是否齐全，主要参数如分合闸速度、开距等的实测数据是否在合格范围，SF_6 气体压力数值，按现场温度曲线对照是否一致。断路器在充电压下试分合几次是否正常，机械分合信号是否正确。

4．断路器在运行中有无异常放电声，进出端子和铜排连接点是否有发热痕迹，在大负荷电流时，观察示温片是否变色或采用红外仪实测温度。

5．SF_6 断路器装有监视渗漏气压力密度表的，要定期监视压力情况。SF_6 气体漏气率规定≤1%，当发现严重漏气时，即压力低于允许值时，不允许操作该断路器，一般在零表压下尚能运行，只能通过该回路上级出口负载侧，去切断负载电流，该故障断路器才能在只有电压或无电压下进行断开。将它退出回路，去维修工作。

6．真空灭弧室漏气检查，如玻璃泡在夜间尚能观察到内部有紫色电晕光，说明真空度降低，但由于断路结构和使用的是陶瓷泡，这种发现不太可能。可将断路器退出运行，用真空度测试仪检测，这种仪器一般使用单位不配备，利用率低，投资大；最简单的办法是对真空泡两极间施加工频耐压，观察在升压过程中仪表指示是否摆动和泡内是否有放电声。有上述现象，同时达不到耐压值，耐压测试仪就动作，说明该真空泡已漏气，需更换。

7．测量灭弧室合闸时两电极间接触电阻值，和投运前相比较，有严重变化，说明电极烧熔情况严重，判断是否要检修和更换。

二、负荷开关运行与维护

1．吹气式负荷开关(柜)在投入使用前，要经外部检查，绝缘件、吹气管等表面无损坏，吹气管在刀片中间转动灵活，将吹气管从刀片中转出一个角度，用手握住带球的半节向外拉伸，听到“卡塔”一声，说明储能释放正常，同时每相试验时手感拉力应基本接近。所有紧固件是否松动，熔体额定电流值与规定是否一致。联锁是否正常。要经过多次合分开关，要特别观察在分断时，动触头刀与静触头分离时，吹气灭弧应仍留在导电回路中，即仍夹持在导电夹中，动触头刀继续拉开，听到“卡塔”一声，看灭弧吹气管从夹子中弹出进入两刀片间，属正常分断，如果在分断时灭弧吹气管和动触头刀一起分开，今后运行中就会造成带负荷拉闸的严重故障，可能引起三相电弧飞弧短路的事故。另一种在分断后，吹气灭弧管不掉下来，仍挂在上面，也是不允许的。这两种情况要重新调整夹持力，使二者情况都不出现为止。吹气灭弧管通过一次灭弧，吹气塑料棒表面要消耗一些，负荷电流越大，操作次数越多，吹气塑料表面损耗越多，致使吹气管内壁间隙加大，灭弧效果下降，根据运行操作次数，分断时电流大小，作为记录提供维修依据。根据吹气式负荷开关技术参数，5%额定电流时，吹气管用 80 次，100%额定电流时用 20 次，按实际正常使用远达不到这些数值。吹气灭弧管基本属免维护部件。但要定期清除表面积灰和检查电气接触回路是否有过热现象，接地是否良好，连锁机构是否正常。

2. 压气式负荷开关(柜)关键元件压气筒和固定活塞在分断时有否产气,直接影响熄弧效果,可在正常带电时分断负荷电流,观察静动触头间灭弧效果,不应有很大弧光,其他常规检查同吹气式开关。

3. SF_6 负荷开关(柜)本体属免维护,在运行中要定期观察 SF_6 开关上压力表指示压力是否正常,了解渗漏气情况,如压力有明显变化,要引起重视,加强监视,当表压接近零时,要停止运行。其他常规检查同上述两种负荷开关。

4. 真空负荷开关(柜)真空灭弧室属免维护,了解真空灭弧室是否有慢性漏气,最简单的办法是定期在真空灭弧室两极间加工频耐压,观察加压过程仪表指示有无异常,真空泡内有无放电声,如果有这些情况,要更换真空泡。其他正常检查同吹气、压气式负荷开关。

三、高压隔离开关运行与维护

1. 在运行中要观察导电部分的连接点,以及静触头和动触头接触处是否有过热玻璃,可用示温片、红外仪进行监测。

2. 绝缘支柱表面有无电痕迹及裂缝。

3. 三相闭合是否同期。

4. 操作时转动是否灵活,对户外的转动轴承要定期加油,防止锈死。

5. 操作机构定位销要到位,带接地隔离开关闭锁是否完好。

四、高压熔断器运行与维护

1. 户内 RN 型熔断器

(1) 户内高压熔断器选用,首先核对熔断器电压电流与被保护设备是否一致,如额定电流值,系统短路容量是否满足。装置环境是一个重要因素,不然会影响熔断特性和分断能力,如安装在三相封闭箱体中,受发热影响,熔断器额定电流必须降低15%使用。如单支安装在封闭绝缘树脂浇注的筒内,熔断器额定电流应下降 25%使用,如装在不封闭的柜体内,由于三相熔断器温升之间互相干扰,熔断器额定电流一般应下降 10%使用。但对额定电流低于 20 A 的熔断器可不作上述考虑。对一般10 A 以下的低额定电流等级的熔断器,由于熔体上长期电晕放电作用,使熔体易老化,因此应尽可能使熔断器远离接地金属架。采用两支及以上熔断器并联使用,一般由于温度影响,和电流分配不均,应把熔断器降容 10%～20%使用。熔断器用于环境温度超 40 ℃场合,每增加 1 ℃,熔断器额定电流就应降低 1%使用。

(2) 熔断器在运行中,要巡视两端接插卡子是否有过热,可用示温片或红外测温仪检测。

2. 户外 RW 型熔断器

(1) 10 kV RW 型户外跌落式熔断器安装前要检查瓷绝缘体是否完好,接触导电金属件表面要光滑平整,熔断器固定安装板和前面熔断器熔管间的角度应在规定范围内,同时熔断器上下端子在绝缘瓷柱中心上。在地面试合时要接触良好、紧密、顶动上端鸭嘴，熔管会自由跌落。

（2）三相熔断器应在同一水平线上，相邻熔断器之间的间距不应小于 0.7 m，对地面高度不应小于 4.5 m，装在被保护设备上方，与保护设备外沿水平距离不应小于 0.5 m。

（3）熔管成 30°向外倾斜，以便熔断时加速自落。熔管下端喷口对周围要保持一定距离。

（4）熔丝的熔体在熔体中心偏上一些，熔丝额定电流与熔管额定电流相一致。

（5）跌落式熔断器是分相操作，正确操作应首拉中间相，再拉下风侧边相，最后拉开上风侧边相，合闸时程序相反。

五、变压器的运行与维护

1. 普通油浸变压器　检查油箱有无渗漏油，油枕、油位和油色是否正常，高低压瓷套管表面无破损及放电痕迹。中性线和外壳接地良好，不能将两者串联后接地。每年要进行本体绝缘油简化试验，根据油质劣化程度，安排换油或大修。调节无载分接开关时，必须停电进行。调节后，必须检查指示位置到位，同时测量绕组回路电阻三相是否一致。在最高负荷下观察高低压接线端子是否有过热现象。

2. 全密封油浸变压器　检查油箱有无渗漏油，发现渗漏要及时修复，防止油呼吸大气造成油质变坏，确实发现绝缘油不足时，要由专业单位进行补充绝缘油，因为加油要按温度对照压力进行。当压力释放阀动作喷油时，观察喷油量多少，根据延缓时间长短和油色、气味作出判断是过负荷引起还是故障引起。如果喷油不止，油色和气味异样，应立即将变压器停止运行。调节无载分接开关时，必须停电进行，调节后要测量变压器三相回路电阻是否一致，也可用万用表测试三相是否接通，变压器通电后，测量三相空载电压是否一致，是否符合需要的电压值。在最高负荷下观察高低压接线端子是否有过热现象，高低压瓷套管表面有无破损和放电痕迹。

3. 环氧浇注干式变压器　在运行巡视中，变压器存在放电声，铁芯的噪声是否与平时有异声，负荷电流与温度计显示温度是否与往常一致，抽风机和强风机是否按照设定温度正常自动启动。并定期进行手动试验，观察风机启动运行是否正常。观察高低压接线端子有无过热现象。根据环境污秽情况，不定期对变压器进行吹灰清洁，检查高低绕组通风道之间有无异物；检查绕组表面有无裂纹，分接头连接压板有无松动。

六、互感器的运行与维护

1. 电压互感器运行和维护　35 kV 以下电压互感器高低压两侧均设熔断器保护，防止二次侧短路和过电压下，一次电流急增造成绝缘热击穿损坏。一次侧熔断器，应配用电压互感器专用熔断器为 XRNP－12/0.5。有特殊要求的场合，可不设熔断器，如电能计量专用电压互感器。防止熔断器接触不良影响准确计量。

电压互感器的铁芯(包括不带电的金属外壳)和二次侧一端必须可靠接地,防止高压击穿,二次带电危及人身和设备的安全。

电压互感器在投运前,试验项目齐全,尤其要了解铁芯励磁和特性,在超过额定电压下的励磁电流,不应突然增大。

环氧浇注的电压互感器表面应光滑无开裂,局部放电试验值要低于允许值。注油电压互感器要注意油位指示是否正常、油色微带黄色。运行中观察注油互感器油位是否正常,油色是否严重变深,必要时进行油样简化试验确定是否需要换油。观察电压互感器表面有无放电痕迹,接线端子有无过热现象。

对电压互感器进行维修时必须一二次侧保持明显断开,符合安全要求,才能进行工作。定期检查熔断器接触是否良好,接地是否良好,并清除互感器表面积灰。

2. 电流互感器运行和维护　电流互感器铁芯和二次侧的一端必须可靠接地,确保人身和设备安全。严禁电流互感器次级开路运行。因为次级开路时,起去磁作用的次级磁势消失,初级电流产生的磁通势全部用来建立铁芯中的磁通,这将使铁芯中的磁通剧增,结果之一是铁芯过热以致烧坏线圈绝缘或使初级故障接地;其二是在次级线圈两端感应出数千伏的高压,危及二次设备和工作人员的安全;其三是在铁芯中还会产生剩磁,使互感器特性变坏。电流互感器在连接时,要注意一、二次接线端子的极性,接线正确和牢固。我国互感器采用减极性的标示法。电流互感器二次回路中严禁串接装设开关或熔断之类设备,运行中需要在二次回路中拆除元件,必须首先将二次侧短接,才能将元件拆除。或在拆除元件前后短接牢固,防止开路。电流互感器运行和维护,除特殊要求外,基本与电压互感器一样,可参考电压互感器部分。

第三节　在电气设备上工作保证安全的组织措施

在电气设备上工作,保证安全的组织措施包括:工作票制度;工作许可制度;工作监护制度;工作间断、转移和终结制度。

一、工作票制度

在电气设备上工作,应填用工作票或按命令执行,其方式有下列三种。

1. 填用第一种工作票　第一种工作票格式见表 8－1 所示。

下列工作应填用第一种工作票:

(1) 高压设备上工作需要全部停电(注①)或部分停电的工作(注②);

(2) 高压室内的二次接线和照明等回路上的工作,需要将高压设备停电或做安全措施的工作;

(3) 高压电力电缆需停电的工作;

(4) 其他需要将高压设备停电或要做安全措施的工作。

表 8-1 第一种工作票

发电厂(变电所)第一种工作票　　　第________号

1. 工作负责人(监护人):__________ 班组__________

2. 工作班人员:__________________共__________人

3. 工作内容和工作地点:____

____

4. 计划工作时间:自________年______月______日______时______分

至________年______月______日______时______分

5. 安全措施:

下列由工作票签发人填写　　　下列由工作许可人(值班员)填写

应接断路器(开关)和隔离开关(刀闸)、包括填写前已拉断路器(开关)和隔离开关(刀闸)(注明编号)	已拉断路器(开关)和隔离开关(刀闸)(注明编号)
应装接地线(注明确实地点)	已装接地线(注明接地线编号和装设地点)
应设遮拦、应挂标示牌	已设遮拦、已挂标示牌(注明地点)
	工作地点保留带电部分和补充安全措施
工作票签发人签名: 收到工作票时间:__年__月__日__时__分 值班负责人签名:	工作许可人签名: 值班负责人签名:

(发电厂值长签名:　　　)

6. 许可开始工作时间:________年______月______日______时______分

工作许可人签名:________工作负责人签名:________

7. 工作负责人变动:

原工作负责人________离去,变更__________为工作负责人。

变动时间:________年______月______日______时______分

工作票签发人签名:__________

8. 工作票延期,有效期延长到________年______月______日______时______分

工作负责人签名:________值长或值班负责人签名:________

9. 工作终结:

工作班人员已全部撤离,现场已清理完毕。

全部工作于________年______月______日______时______分结束。

工作负责人签名:__________工作许可人签名:__________

接地线共__________组已拆除。

值班负责人签名:__________

10. 备注:____

____

注:① 全部停电的工作　是指室内高压设备全部停电(包括架空线路与电力电缆引入线在内),通至邻接高压室的门全部闭锁,以及室外高压设备全部停电(包括架空线路与电力电缆引入线在内)。

② 部分停电的工作　是指高压设备部分停电,或室内高压设备虽全部停电,而通至邻接高压室的门并未全部闭锁。

2. 填用第二种工作票　第二种工作票见表 8 - 2。

下列工作应填用第二种工作票：

(1) 带电作业和在带电设备外壳上的工作；

(2) 控制盘和低压配电盘、配电箱、电源干线上的工作；

(3) 二次回路上的工作，无需将高压设备停电的工作；

(4) 转动中的发电机、同期调相机的励磁回路或高压电动机转动电阻回路上的工作；

(5) 非当值的值班人员用绝缘棒和电压互感器定相或用钳型电流表测量高压回路的电流；

(6) 高压电缆不需停电的工作。

表 8 - 2　第二种工作票

发电厂(变电所)第二种工作票　　　编号：

1. 工作负责人(监护人)：__________ 班组__________

工作班人员：__________

2. 工作任务：______________________________

3. 计划工作时间：自______年______月______日______时______分

至______年______月______日______时______分

4. 工作条件(停电或不停电)：______________________________

5. 注意事项(安全措施)：______________________________

工作票签发人签名：__________

6. 许可开始工作时间：______年______月______日______时______分

工作许可人(值班员)签名：________ 工作负责人签名：________

7. 工作结束时间：______年______月______日______时______分

工作负责人签名：__________ 工作许可人(值班员)签名：__________

8. 备注：______________________________

3. 口头或电话命令　第一种和第二种工作票以外的其他工作。口头或电话命令，必须清楚正确，值班员应将发令人、负责人及工作任务详细记入操作记录簿中，并向发令人复诵核对一遍。

工作票制度是保证人身和设备安全的重要措施，必须按规定认真执行。其具体规定内容如下：

(1) 工作票填写一式两份，内容应正确、清楚，不得任意涂改。一份必须保存在工作地点，由工作负责人收执，另一份由值班员收执，按班移交。在无人值班的设备上工作时，第二种工作票可由工作许可人收执。

(2) 一张工作票中，工作票签发人、工作负责人和工作许可人三者不得互相兼任。

(3) 一个工作负责人只能发给一张工作票，工作票上所列工作地点，以一个电气连接部分为限。如果施工设备属于同一电压、位于同一楼层、同时停送电，且不会触及带电导体时，可允许在几个电气连接部分使用一张工作票，但开工前工作票内的全部安全措施应一次完成。在几个电气连接部分上依次进行不停电的同一类型的工作，可以使用一张第二种工作票。

(4) 若一个电气连接部分或一个配电装置全部停电，则所有不同地点的工作，可以发给一张工作票，但要详细填明主要工作内容。几个班同时进行工作时，工作票可发给一个总的工作负责人，但应在工作票内的全部安全措施完成后才能开工，同时应在所有班组工作结束后才能总结工作票。

(5) 如果用户、变配电所内由供电单位或施工单位来工作，工作票应由有权签发工作票的供电单位、施工单位或用户单位签发，或由供电(施工)单位和用户单位实行双签发。

(6) 工作票的签发人、工作负责人和工作许可人由车间或单位主管生产的领导书面批准公布，运行值班员处可备案查对。

(7) 工作票负责人在原工作票的停电范围增加工作任务或私自扩大工作范围，若工作任务、工作范围需变更或需增设安全措施者，应填用新的工作票，并重新履行工作许可手续。

(8) 第一种工作票应在工作前一日预先送交运行值班员。第二种工作票和带电作业工作票可在工作当天预先交给运行值班员或工作许可人。

(9) 第一、二种工作票的有效时间，以批准的检修期为限。工作票如需延期，应由工作负责人向变电所值班员提出申请，经值班员联系被有关人批准后方可办理延期手续，且只能延期一次。

(10) 工作票签发人应是由熟悉人员技术水平、熟悉设备情况、熟悉安全操作规程的生产领导人或技术人员担任。工作票签发人的安全责任是：

① 工作必要性和安全性；

② 工作票上所填安全措施是否正确完备；

③ 所派工作负责人和工作班人员是否适当和充足，精神状态是否良好。

二、工作许可制度

工作许可制度的具体规定内容如下：

1. 工作许可人应由变配电所当值值班员担任。工作许可人的安全责任是:

(1) 负责审查工作票中所列安全措施是否正确完备,是否符合现场条件;

(2) 工作现场布置的安全措施是否完善,必要时予以补充;

(3) 负责检查检修设备有无突然来电的危险;

(4) 对工作票所列内容即使发生很小疑问,也应向工作票签发人询问清楚,必要时应要求作详细补充。

2. 工作许可人在完成施工现场的安全措施后,还应会同工作负责人到现场检查所做的安全措施,以手触试证明检修设备确无电压;对工作负责人指明带电设备的位置和工作过程中的注意事项。

3. 工作许可人和工作负责人在工作票上分别确认、签名。完成上述手续后,工作班方可开始工作,并且工作负责人、工作许可人任何一方不得擅自变更安全措施。

三、工作监护制度

工作监护制度的具体规定内容如下:

1. 工作票上工作负责人应是工作监护人。工作负责人(监护人)应是具有相关工作经验、熟悉设备情况、经车间或工区(所)主管生产的领导批准的人员。

2. 工作负责人(监护人)的安全责任是:

(1) 正确安全地组织工作;

(2) 负责检查工作票所列安全措施是否正确完备和工作许可人所做的安全措施是否符合现场实际条件,必要时予以补充;

(3) 工作前对工作班成员进行危险点告知,交代安全措施和技术措施,并确认每一个工作班成员都已知晓;

(4) 严格执行工作票所列的安全措施;

(5) 督促、监护工作班成员遵守安全工作规程,正确使用劳动防护用品和执行现场安全措施;

(6) 查看工作班成员精神状态是否良好,成员变动是否合适。

3. 工作负责人(监护人)必须始终在工作现场,对工作班成员的安全认真监护,及时纠正不安全的行为和违反安全规程的操作。

4. 工作负责人(监护人)在全部停电时,可以参加工作班工作。在部分停电时,只有在安全措施可靠,人员集中在一个工作地点、不致误碰有电部分的情况下,方能参加工作。

5. 工作期间,工作负责人(监护人)若因故暂离开工作现场时,应指定能胜任的人员临时代替,离开前应将工作现场交代清楚,并告知工作班成员。原工作负责人返回工作现场时,也应履行同样的交接手续。若工作负责人必须长时间离开工作现场时,应由原工作票签发人变更工作负责人,履行变更手续,两个工作负责人应做好必要的交接，并告知工作班成员。

6. 根据现场安全条件、施工范围、工作需要等情况，工作票签发人或工作负责人可增设专责监护人和确定被监护的人员。专责监护人不得兼做其他工作。

7. 工作负责人可以填写工作票。

8. 工作班成员安全责任：

(1) 熟悉工作内容、工作流程，掌握安全措施，明确工作中的危险点，并履行确认手续；

(2) 严格遵守安全规章制度、技术规程和劳动纪律，对自己在工作中的行为负责，互相关心工作安全，并监督本规程的执行和现场安全措施的实施；

(3) 正确使用安全工器具和劳动防护用品。

四、工作间断、转移和终结制度

工作间断、转移和终结制度的具体规定内容如下：

1. 工作间断时，工作班人员应从工作现场撤出，所有安全措施保持不动，工作票仍由工作负责人执存，继续工作无需通过工作许可人。每日收工，将工作票交回值班员。次日复工时，工作负责人应得到工作许可人的许可，取回工作票，重新认真检查安全措施，符合工作票要求方可工作。若无工作负责人带领，工作人员不得进入工作地点。

2. 转移工作，用同一工作票依次在几个工作地点转移工作时，工作负责人应向工作班成员交代带电范围、安全措施和注意事项。

3. 工作终结。全部工作完毕后，工作班清扫、整理现场。工作负责人应先周密地检查，待全体工作人员撤离工作地点后，再向值班员交代所修项目、发现的问题、试验结果和存在问题等，并与值班员共同检查设备状况、状态，有无遗留物件，是否清洁等，然后在工作票上填明工作结束时间，经双方签名后，表示工作终结。

4. 只有在同一停电系统的所有工作票都已终结，拉开和拆除所有接地刀闸和接地线，拆除临时遮拦、标示牌，恢复常设遮拦，并得到值班调度员或变配电所值班负责人的许可命令后，方可合闸送电。已终结的工作票保存三个月。

第四节　电气作业安全管理的技术措施

在电气设备上作业的安全技术措施有：停电、验电、接地、悬挂标示牌和装设遮拦等。

一、停电

停电的具体规定如下：

1. 工作地点必须停电的设备为：

(1) 待检修的设备。

(2) 与工作人员在进行工作中正常活动范围的距离小于表 8－3 规定的设备。

(3) 在 35 kV 及以下的设备处工作，安全距离虽大于表 8－3 的规定，但小于表8－4的规定，同时又无绝缘挡板、安全遮拦措施的设备。

(4) 带电部分在工作人员后面、两侧、上下，且无可靠安全措施的设备。

(5) 其他需要停电的设备。

表 8－3　工作人员工作中正常活动范围与带电设备的安全距离

电压等级(kV)	10(13.8)及以下	20、35	60～110	220	330	500
安全距离(m)	0.35	0.60	1.50	3.00	4.00	5.00

注：表 8－3 中未列电压按高一挡电压等级的安全距离。

表 8－4　设备不停电时的安全距离

电压等级(kV)	10(13.8)及以下	20、35	60～110	220	330	500
安全距离(m)	0.70	1.00	1.50	3.00	4.00	5.00

2. 将检修设备停电，必须把各方面的电源完全断开(任何运用中的星形接线设备的中性点，必须视为带电设备)。禁止在只经断路器(开关)断开电源的设备上工作。必须拉开隔离开关(刀闸)，手车开关应拉至试验或检修位置，应使各方面至少有一个明显的断开点(对于 GIS 组合电器等设备无法观察到明显断开点的除外)。与停电设备有关的变压器和电压互感器，必须从高、低压各侧断开，防止向停电检修设备反送电。对可能来电侧的断路器(开关)和隔离开关(刀闸)的操作，控制电源和合闸电源必须断开，隔离开关(刀闸)操作把手必须锁住，确保不会发生误送电。

二、验电

验电的具体规定如下：

1. 验电时，必须使用相应电压等级而且合格的接触式验电器，在装设接地线或合接地刀闸处对各相分别验电。验电前，必须先在有电设备上进行试验，确定验电器良好；如果在木杆、木梯或木架上验电，不接地线不能指示的，可在验电器绝缘杆尾部接上接地线，但必须经值班负责人(线路上是工作负责人)许可。

2. 高压验电应戴绝缘手套。伸缩式验电器必须拉足绝缘棒长度，验电时手握手柄部位不得超过护环，人体必须与验电设备保持安全距离。雨雪天气时不得进行室外直接验电。

3. 对无法直接验电的设备(如 GIS)，可以进行间接验电。即检查隔离开关(刀闸)的机械指示位置、电气指示、仪表及带电显示装置指示的变化，且至少应有两个及以上指示已同时发生对应变化；若进行遥控器操作，则应同时检查隔离开关

(刀闸)的状态指示、遥测、遥控信号及带电显示装置的指示进行间接验电。

三、接地

接地的具体规定如下：

1. 装设临时接地线或合接地刀闸是保护作业人员在工作地点防止突然来电的可靠安全措施,同时将设备上的剩余电荷接地放尽,因此,必须在验明无电压后,立即将检修设备接地并三相短路。

2. 对于可能送电至停电设备的各方部位或可能产生感应电压的停电设备都要接地,装接地线时与带电部分必须始终保持足够的安全距离。

3. 装拆接地线或合、拉接地刀闸必须两人进行。若单人使用接地刀闸合、分闸应经批准。装拆接地线必须使用绝缘棒和戴绝缘手套,人体不得碰触接地线或未接地的导线,以防止感应电触电。

4. 装设接地线必须先接接地端,后接导体端,接地线应接触良好,连接可靠。拆除接地线的顺序与此相反。严禁用缠绕的方法进行接地或短路。在配电装置装设接地的部位必须除去油漆,划有黑色标记。

5. 严禁工作人员擅自移动或拆、装接地线,每组接地线均应编号。

6. 成套接地线应用有透明护套的多股软铜线组成,其截面不得小于 25 mm^2,同时满足装设地点短路电流的要求。

四、悬挂标示牌和装设遮拦(围栏)

悬挂标示牌和装设遮拦(围栏)的具体规定如下：

1. 在一经合闸即可送电到工作地点的断路器(开关)和隔离开关(刀闸)的操作把手上,均应悬挂"禁止合闸,有人工作!"或"禁止合闸,线路有人工作!"的标示牌或指示标记。

2. 部分停电的工作,安全距离小于表 8－3 规定距离以内的未停电设备,应装设临时遮拦。临时遮拦与带电部分的距离,不得小于表 8－4 规定的数值。临时遮拦应用规定的材料制成,装设牢固,并悬挂"止步,高压危险!"的标示牌。35 kV 及以下设备的临时遮拦,如因工作特殊需要,可用绝缘挡板与带电部分直接接触,绝缘挡板必须具有高度的绝缘性能,符合耐压试验要求。

3. 在室内高压设备上工作,应在工作地点两旁及对面运行设备间隔的遮拦(围栏)上和禁止通行的过道遮拦(围栏)上悬挂"止步,高压危险!"的标示牌。

4. 在室外高压设备上工作,应在工作地点四周装设围栏,其出入口要临近道路,并设有"从此进出!"标示牌,在围栏上悬挂适当数量的"止步,高压危险!"标示牌,标示牌应朝向围栏里面。若室外配电装置大部分设备停电,只有个别地点有带电设备而其他设备无触及带电导体的可能时,可以在带电设备的四周装设全封闭围栏,并在围栏上悬挂适当数量的"止步,高压危险!"标示牌,牌面应朝向围栏外。严禁越过围栏。

5. 高压开关柜的手车开关拉出后，其隔离部位的挡板应封闭，禁止开启，并设置“止步，高压危险！”的标示牌。

6. 在室外构架上工作，则应在工作地点邻近带电部分的横梁上，悬挂“止步，高压危险！”的标示牌。在工作人员上下的铁架或梯子上，应悬挂“从此上下！”的标示牌。在邻近可能误登的带电架构上，应悬挂“禁止攀登，高压危险！”的标示牌。

7. 在工作地点设置“在此工作！”的标示牌。

8. 严禁工作人员擅自移动或拆除遮拦（围栏）标示牌。

第五节　变配电所的安全运行管理

目前，大、中型企业已有较多的 35～110 kV 用户变配电所，提高变配电所的安全运行管理工作就显得格外重要。本节除前面章节中已介绍过的外，再介绍一些安全运行管理工作。

一、变配电所的运行制度与安全要求

1. 变配电所应制定的制度

（1）值班人员岗位责任制度；

（2）交接班制度；

（3）倒闸操作制度；

（4）巡视检查制度；

（5）检修工作票制度；

（6）工作器具保管制度（包括安全用具管理制度等）；

（7）设备缺陷管理制度；

（8）安全保卫制度。

2. 变配电所的记录

（1）抄表记录：按规定的时间抄录各开关柜、控制柜上相关的电压、电流、有动和无动表的电能及变压器的温升等。

（2）值班记录：记录系统交接方式、设备检修、安全措施布置、异常与事故处理经过，与运行有关事项及上级下达的指示要求等。

（3）设备缺陷记录：记录发现缺陷的时间、内容、类别以及消除缺陷的人员、时间、方法步骤等。

（4）设备试验、检修记录：记录试验或检修的日期内容、发现问题的经过，记录试验出现的问题及排除情况、试验数据。

（5）设备异常及事故记录：记录发生的时间、经过、保护与自动化装置动作情况及原因、处理措施。

3. 运行基本要求

(1) 变配电所等作业场所必须设置安全遮拦，悬挂相应的警告标示牌，配置有效的灭火器材及通信设施。

(2) 为电气作业人员提供符合电压等级的合格绝缘用具及防护用具。配备一定数量的熔断器。

(3) 变配电所的电气设备，应定期进行预防性试验。试验报告应存档保管。

(4) 变配电所的绝缘靴、绝缘手套、绝缘棒及验电器的绝缘性能，必须定期检查试验。安全帽等安全防护用具应整齐放在干燥、明显的地方。须配有巡检电气连接头温度的红外测温仪。

(5) 无人值班的变配电所必须加锁。高、低压配电装置的开关室通至室外的电缆沟应用防火材料封堵，做好防火和防止小动物进入室内的工作。

二、值班人员安全基本要求

1. 大、中型变配电所值班，一般应有两人以上。单人值班的变配电所，其高压设备应符合下列条件：

(1) 室内高压设备的隔离室设有遮拦，遮拦的高度在 1.7 m 以上，安装牢固并加锁者；

(2) 室内高压断路器(开关)的操动机构(操作机构)用墙或金属板与该断路器(开关)隔离或装有远方操动机构(操作机构)者。

2. 无论高压设备是否带电，值班人员不得单独移开或越过遮拦对设备进行任何操作和巡视等工作；若有必要移开遮拦时，应有监护人在场，并符合表 8-4 规定的安全距离。

3. 10(6) kV、20 kV、35 kV 配电装置的裸露部分在跨越人行过道或作业区时，若导电部分对地高度分别小于 2.7 m、2.8 m、2.9 m，该裸露部分两侧和底部须装设固定护网。

4. 单人值班人员不得参加修理工作。

5. 巡视检查架空线路、变压器台时，禁止随意攀登电杆、铁塔或变压器台。

6. 在雷雨、雪、雾天气巡视及检查接地故障时，必须穿绝缘靴，雷雨天气不得靠近避雷器和避雷针，以防跨步电压伤害。

7. 电气设备停电后，即使是事故停电，在未拉开有关刀闸和采取安全措施以前，不得触及设备或进入遮拦内，以防突然来电。

8. 高压设备发生接地故障时，巡查值班员应与故障点保持一定的距离。室内不得接近故障点 4 m 以内，室外不得接近 8 m 以内。进入上述范围应穿绝缘靴。接触设备外壳和构架时，应戴绝缘手套。

9. 巡视配电装置，进出高压室，应随手关门。

10. 在高压设备上工作，有很大的危险性，必须严格遵守下列各项：

(1) 必须填用工作票或得到口头、电话命令；

(2) 至少应有两人在一起工作，其中一人必须起到监护监督作用，以防万一；

(3) 完成保证工作人员安全的组织措施和技术措施的实施，以确保人身安全和设备安全。

三、交接班制度

交接班工作必须严肃、认真地进行。交接人员要团结友爱，为接班人员创造有利的工作条件。交接班制度的重要内容和要求如下：

1. 值班人员在值班前和值班时间内严禁饮酒。接班人员必须按时提前到岗，交班人员应在办理交接手续签字后方可离岗。

2. 正在倒闸操作时、正在办理许可工作时、正在处理事故或发生异常情况时，原则上应由交班人员负责处理，接班人员应主动协助处理。当告一段落操作结束后，可进行交接班。

3. 交接班应交接检查以下的内容：

(1) 设备、系统运行方式，设备异常和变动情况及处理经过。

(2) 设备的检修、扩建和改造等工作情况，安全运行上应注意的问题。

(3) 巡查中发现的缺陷、隐患和处理情况。

(4) 继电保护、自动装置、远动装置的运行及变更情况。

(5) 许可的工作票、接地线和接地刀闸使用情况，以及已完成的检修、维修工作、定期检验情况。

(6) 工具、备配材料、钥匙等变动情况。

(7) 上级指示、预发令操作任务等情况。

4. 接班人员认真听取交接班内容后，可会同交班人员进行现场检查，检查内容：

(1) 核对模拟图板或屏模上一次接线图与实际位置相符情况。

(2) 查看存在的主要缺陷情况和处理情况。

(3) 检查继电保护的运行和变更情况，对信号及自动装置按规定进行试验。

(4) 查看预发操作令情况。

(5) 查看直流系统运行方式和蓄电池浮充电的情况。

(6) 了解检修工作情况和现场安全措施情况。

5. 接班后，开好运行人员碰头会，提出本运行中应注意的事项和事故预想。

四、巡回检查制度

巡回检查制度是保证设备正常安全运行的有效制度。各单位应根据本单位的设备、环境和运行规程中有关设备的巡查项目与内容，制订出适合本单位的检查项目、周期和路线，并配备必要的检查工具，如红外线测温仪等。

1. 巡回检查中应遵守的安全规定

（1）巡视高压配电装置一般应两人一起巡视。允许单独巡视高压设备的人员应经考试合格后，由单位领导批准。值班电工应具备单人巡视高压设备的条件。

（2）巡视高压设备时人体与带电导体的安全距离不得小于表 8－4 的规定。在带红外线测温仪或望远镜进行巡回检查时，人体和带用仪器与带电导体保持不小于表 8－4 规定的安全距离。

（3）巡回检查时，不得打开遮拦或进行任何工作。同时应按设备巡回检查路线进行巡视，以防设备漏巡。

（4）进入高压室巡回检查时，应随手将门关好，以防小动物进入室内。离开高压室时应将有关门窗和照明灯关好。

（5）巡回检查后，应将查巡的缺陷和发现的问题立即记入设备记录簿和运行日志中。

（6）对恶劣天气和夜间以及特殊任务巡查时，应注意安全防护。

（7）巡查时，要精力集中，认真仔细地发挥眼、鼻、耳、手的作用，分析设备运行是否正常，并注意周围的安全。

2. 巡视周期

（1）有人值班变电所一般每日巡视一次，35 kV 及以上变配电所对 35 kV 以上的配电装置，应每班巡视一次。

（2）每周要进行夜巡一次。

（3）要进行季节性和节日期间的特巡。

（4）无人值班变电所，应每周至少巡查一次，对 35 kV 及以上配电装置要五天巡视一次。

（5）在恶劣天气时（如大风、暴风雨、雨雪、浓雾、沙尘等天气），应对室外设备作特殊巡查；暴风雨天气要检查室内门窗、屋顶漏雨水情况，巡查可随天气情况增加。

（6）所长、技术员、检修班组长应每周监督巡回检查一次。

3. 正常巡视检查内容

（1）注油设备的油湿、油面高度应正常，油色应透明。本体外壳，油面指示器、阀门和闷头等处应清洁，无渗漏油。

（2）设备的套管、瓷绝缘部分无裂纹、掉瓷和破碎，应无闪络、放电痕迹和严重的电晕现象。瓷表面无污垢应清洁。合成绝缘子无放电痕迹和龟裂现象。

（3）各部件的电气连接点应接触良好，应无氧化、过热现象，示温蜡片或变色漆无异常变化。导线无松股、断股和过紧、过松现象。红外监测无过热现象。

（4）变压器上层油温，外壳温度是否超过允许值，温升是否正常。变压器有无异声，冷却装置运行情况是否正常。呼吸器内干燥剂的潮解情况，防爆隔膜应无破损，瓦斯继电器应无漏油。干式变压器瓷绝缘应完好，绝缘是否有变色、裂纹，有无异声。

(5) 电容器外壳有无胀鼓变形，有无异声，示温蜡片有无熔化，保护熔丝有无熔断，三相电流是否平衡，电压有无超过允许值，放电装置是否良好。

(6) 断路器的分合指示器和红绿灯指示是否正常，内部应无异声。油断路器的油面、油色应正常，无渗油现象。油动操作机构有无渗漏油，油压是否正常。真空断路器屏蔽罩内壁应无红色或乳白色辉光。隔离开关分合是否正常，连杆部件有无异常。

(7) 避雷器应无异声，接地引下线和放电记录器应良好。

(8) 电缆终端盒有无放电痕迹和异常情况，电缆有无渗漏绝缘油。

(9) 设备的接地引下线有无松动、折断及严重锈蚀现象。

(10) 高、低压侧的电压、电流指示是否正常，各路负荷是否超出允许值，信号显示是否正常，各路开关、熔断器是否良好，有无异常声音。

(11) 直流电源装置有无过热、异声。蓄电池浮充电流应正常，无渗漏电液和过热现象，铅酸蓄电池液面、比重和温度应正常。直流母线电压应正常。

(12) 继电器、自动装置的外壳应无裂纹、破损，内部无异声。二次回路各压板放置应正确。感应式继电器的铝盘转动是否正常。

(13) 中央信号装置及音响装置是否正常。

(14) 安全用具是否安放合理，是否齐全有效。

(15) 开关室门窗、孔洞等是否关严，有无小动物进入的痕迹。

4. 特殊巡视检查内容

(1) 大风时检查室外配电装置的各引线接头有无松动、异常，摆动是否过大，周围有无易刮起的杂物；有阻波器的是否摇动异常；避雷针有无倒伏的异常。

(2) 阴雨、雾天气应检查套管、瓷绝缘有无严重放电现象。

(3) 雷雨后应检查套管、瓷绝缘有无破裂、闪络放电痕迹，避雷器放电计数器的动作情况。暴雨前应检查室外开关箱、端子箱等关闭情况和开关室门窗关闭情况。暴雨时还应检查开关室等有无渗漏水，电缆沟的积水情况。

(4) 下雪及雾天气时检查室外设备和各接头及导体有无过热、异常以及融雪情况。

(5) 冰雹后检查瓷绝缘部分有无破损，导线有无伤痕，室外跌落式熔断器有无损伤，油位计有无损伤。

(6) 高温季节检查变压器和注油设备的油面是否过高，导线是否过松，通风降温设施运行是否正常。

(7) 冷空气侵袭降温后检查变压器和注油设备的油面是否过低，导线是否过紧，套管等设备是否由于骤冷而变形。

(8) 夜间特巡检查时，应检查导线各接头和瓷绝缘、合成绝缘部件有无闪络、放电和过热发红现象。

五、设备缺陷管理制度

设备缺陷管理制度要求全面掌握设备的健康状况，以便及时发现设备存在的缺陷，认真分析原因，并尽快消除，保证设备经常处于良好状态安全运行，也是妥善安排设备检修、试验和校验工作的主要依据。

1. 缺陷分类

按对供用电安全的威胁程度，缺陷分为紧急、重要、一般三种。

(1) 紧急缺陷(即一类缺陷)：性质严重，情况危急，必须立即处理者，一般发现后 24 小时内应对其进行处理。未处理前应加强监视采取有效措施，以防止发生事故。

(2) 重要缺陷(即二类缺陷)：性质重要、情况严重，虽尚可继续运行，但不能满足正常运行，需限制或降低出力，或降低电流运行者。尽可能及时处理，如不能立即处理，应不超过一周处理。

(3) 一般缺陷：性质一般、情况轻微，对安全运行影响不大，可列入计划进行处理者。

2. 发现缺陷后的汇报

(1) 紧急缺陷：运行人员发现后应立即向当值调度和设备运行主管部门汇报，严重时可直接向单位领导汇报。

(2) 重要缺陷：运行人员发现后应立即向设备运行主管部门汇报，对影响出力、容量的同时也应向单位调度员汇报。

(3) 一般缺陷：运行人员发现后在本月内向设备运行主管汇报，能立即消除的安排处理，或安排在计划检修中处理。

对 35 kV 及以上的设备缺陷应及时向当值调度员汇报。

3. 运行人员发现任何缺陷都应记入运行日志和缺陷记录中，处理后在检修记录中记录处理结果。

第六节　倒闸操作的安全措施

电气倒闸操作是操作人员直接改变电气设备和系统运行状态的特殊作业，是一项重要而又复杂的工作，而倒闸操作又是保证人身安全和设备、电网安全的重要措施。因此，必须认真执行倒闸操作的技术措施和组织措施，在倒闸操作过程中严格执行操作安全技术规定和操作票制度，以保证倒闸操作全过程的安全正确完成。

一、倒闸操作基本要求和安全措施

1. 变配电所的倒闸操作必须以下达操作任务命令和接受命令为依据，认真填写专用操作票。

2. 操作任务和项目应使用双重名称，并且名词、动词、设备编号不得涂改。

3. 一张操作票以不超过一个设备操作状态的任务为准。

发令和填写操作票的断路器和隔离开关应用开关和刀闸操作术语，在本节中将使用此操作术语。应填入操作票的内容有：(1) 应拉、合的设备开关、刀闸、接地刀闸及其拉、合位置的检查；(2) 验电，装、拆临时接地线；(3) 装上或取下设备高、低压熔断器；(4) 切换保护、自动化设备的回路及检查；(5) 拉、合设备的合闸和操作熔断器；(6) 在进行倒负荷或解、并列操作前后，检查负荷分配及电源运行情况；(7) 设备检修后、合闸送电前，检查送电范围内的接地刀闸已拉开、接地线已拆除。

4. 倒闸操作由变配电所的值班电工或专职电工按操作票的顺序进行，操作时应由两人同时进行，应一人监护(对设备较为熟悉者)，一人操作，特别重要和复杂的倒闸操作应由电气负责人进行监护。实行单人操作的设备项目及值班员或专职电工，需经主管运行部门的领导批准并通过专项考核。

5. 操作中应认真执行唱票复诵制，监护人唱票，操作人复诵，正确无误的立即执行操作。

6. 高压操作须戴绝缘手套，室外操作应戴安全帽、穿绝缘靴。

7. 携带操作需要使用的安全用具及工具。

8. 使用高压绝缘夹钳装卸高压熔断管时，应戴防护眼镜和绝缘手套，并站在绝缘垫或绝缘台上。

9. 在室外操作如遇雨、雪、大雾等天气时，禁止使用特殊装置的绝缘棒、绝缘夹钳和验电器。雷雨天气时禁止室外操作。

10. 操作过程中不能中断或做其他的事，如发生意外应立即停止操作。

11. 下列各项工作可以不用操作票：

(1) 事故应急处理；

(2) 拉合断路器(开关)的单一操作；

(3) 拉开或拆除全站(厂)唯一的一组接地刀闸或接地线。

上述操作应记入操作记录簿内。

12. 当防止误操作闭锁装置拒绝动作时，不要随意作出装置故障的结论，应重复检查、分析原因和向上级汇报。

为了防止操作中未按操作原则顺序进行电气倒闸操作，一般在开关设备上都装设了防误闭锁装置，这是从技术上采取的防止误操作措施。

防误闭锁装置一般应达到“五防”要求，即防止误拉合开关；防止带负荷拉合刀闸；防止带电合接地刀闸和挂接地线；防止未拉接地刀闸或未拆接地线合闸；防止误入有电间隔。

常用的防误闭锁装置有：机械联锁、电气联锁、电磁联锁、钥匙联锁和微机防误闭锁装置。

二、倒闸操作的安全技术

1. 电气设备的操作状态可分为

(1) 运行状态:是指开关、刀闸均已合上,设备已在运行中。

(2) 热备用状态:是指设备仅拉开开关,而刀闸未拉开的状态。

(3) 冷备用状态:是指设备的所有开关和刀闸已全部拉开的状态。

(4) 检修状态:是指设备的所有开关和刀闸已全部拉开,并已挂上接地线或合上接地线刀闸,并挂上禁用牌,设备在检修中。

2. 基本操作原则

(1) 同一个回路的开关和刀闸操作:送电时,先合上刀闸,后合上开关;停电时顺序相反,防止带负荷拉、合刀闸。

(2) 一个回路的刀闸和接地刀闸操作:送电时,先拉开接地刀闸和拆除短路接地线后合上刀闸,以防止带接地线合闸事故;停电时顺序相反,以防止带电合接地线事故。

3. 线路操作　送电时先合上母线侧刀闸,再合上线路侧刀闸,最后合上开关;停电时顺序相反,严禁带负荷拉、合刀闸。

4. 带有电源联络线路的操作　停、送电时同一系统要用开关进行并列、解列操作,不得用刀闸进行并列或解列操作。

5. 母线停电操作　电压互感器应最后停电,送电时应先合电压互感器。电网系统有特殊要求例外。

6. 倒换母线操作　应先合上母线备用开关或母线开关,取下该开关操作保险,将要停用母线所带的设备和线路倒换至运行母线上,最后再拉开原运行母线开关。

7. 变压器停电操作　先停负荷侧,再停电源侧;送电时顺序相反。

8. 拉开或合上刀闸时应迅速、果断,但不可用力过猛。操作机构有故障时,不得强行拉、合,操作完毕应检查操作杆销子是否到位。

9. 室外单极刀闸或跌落式熔断器的操作　(三相水平排列)停电拉闸时应先拉中间相,再拉下风向一相,最后拉余下的一相;送电顺序相反,严禁带负荷操作。

10. 有主变压器中性点接地刀闸的操作　110 kV 或 220 kV 变压器停、送电操作前,应首先合上 110 kV 或 220 kV 中性点接地刀闸,送电操作后,由电网调度决定中性点接地刀闸的运行方式,以防止过电压损坏变压器。

三、倒闸操作的八个步骤

1. 发布命令和接受操作任务　值班员接受调度部门或运行主管部门(或工作票上书面任务)的操作或命令时,应明确操作的目的和意图,并填写操作任务票或直接填写操作票,并向发令人复诵核对无误,同时填入发令和受令时间(预发令时填入预发令和受令时间)。

2. 填写操作票　变配电所的倒闸操作票格式见表 8－5。操作票由操作人根据操作任务、核对一次系统模拟图、设备的运行方式和状态，并根据操作票填写内容与要求逐项填写操作任务、项目。填写运行状态转换、操作项目顺序不可颠倒，字迹应清楚，不得涂改，不得使用铅笔填写。填写操作票可由上一班预先填好，为下一班准备。

3. 审查　操作人填写完操作票后，首先自己应审查一遍，无误后再交监护人和值班负责人审票。即使不在本班执行的预填操作票，也应根据规定进行审票，错误或不合格的操作票应重新填写。重大操作的操作票应交运行专职技术员或运行主管领导复核(企业自备电厂交值长复核)。

4. 发布和接受操作命令　正式操作时，由调度员发布逐项的执行命令，本单位运行部门的专职技术员或主管领导也应根据操作票上书面任务或口头命令逐项发布执行命令，受令人(值班员或值班负责人)接到时必须复诵，认可后填入发令和受令时间。并由操作人和监护人签名，并填入操作开始时间。

表 8-5　倒闸操作票格式

发电厂(变电所)倒闸操作票　　　编号：

操作开始时间：　年　月　日　时　分，终了时间：　日　时　分		
操作任务：		
√	顺序	操作项目
备注		

操作人：＿＿＿＿　监护人：＿＿＿＿　值班负责人：＿＿＿＿　值长：＿＿＿＿

5. 预演　操作人、监护人应先在模拟图上按照操作票的项目顺序唱票预演，再依次核对操作项目的正确性，改变模拟图指示位置。操作人、监护人带好必要的安全用具和钥匙或“五防”用具，到达操作现场。

使用微机防误闭锁的可通过预演自动生成操作票的例外。

即时发令操作的，有的在填写操作票后，操作人、监护人即进行预演—审查程序。

6. 核对设备　进入操作现场后，操作人和监护人应按操作项目顺序先站准操作设备位置，对该项设备的状态、命名牌的名称和编号进行“三核对”。严禁操作票的跳项、倒项、添项和一切改变项目次序的操作及做与操作任务无关的工作。

7. 唱票复诵操作　监护人按照操作票上的顺序高声唱票，每次只准唱一项，操作人用手指点需操作的设备名称、编号，并高声复诵。在两人一致认为无误后，监护人发出“对，执行！”的命令，操作人方可进行操作。每进行一步操作，监护人都应将操作票指点给操作人看。每一步操作完毕后，监护人在操作票上打一个“√”符号。同时，两人应现场检查操作的正确性和操作质量，如刀闸三相应都断开，操作把手应挂牢等。实际位置和机械指示、信号指示、表计变化等，以确定设备实际的分、合位置。接着监护人告诉操作人下一步操作内容，直至操作票项目执行完毕。

8. 操作汇报　操作完毕后，应检查所有操作步骤是否全部执行，操作使用工器具是否已全部带回，填入操作结束时间，向值班负责人或调度员、发令人汇报。

思考题

1. 高压电器按性能分几类？

2. 高压电器安全的基本要求是什么？

3. 断路器运行与维护有哪些要求？

4. 变压器运行与维护有哪些要求？

5. 互感器运行与维护有哪些要求？

6. 电气设备上安全工作的组织措施内容有哪些？

7. 电气工作票有几种？部分停电和低压配电盘上工作使用哪种工作票？

8. 工作负责人(监护人)的安全责任有哪些？工作负责人在什么情况下可以参加工作班组工作？

9. 工作许可人的安全责任有哪些？工作许可人在完成安全措施后，如何向工作负责人进行现场交代？

10. 电气设备上安全工作的技术措施有哪些？10～35 kV 工作人员工作中与带电设备的安全距离是多少？设备不停电时安全距离又是多少？

11. 检修变压器时，防止突然来电的可靠安全措施有哪些？

12. 工作票要填写哪些内容？

第九章　低压配电装置

低压配电装置是将配电变压器低压侧可供输出的电能，根据用电负荷大小，有系统地、安全可靠地传输给用电设备。

低压电器设备可分为控制电器和保护电器，控制电器主要用来接通和断开线路，以及用来控制用电设备，如刀开关、断路器、交流接触器等。保护电器主要用来获取、转换和传递信号，并通过其他电器对电路实现控制，如熔断器、热继电器等。

第一节　刀开关

一、HD、HS系列刀开关

由绝缘底座、静刀座、动刀片、绝缘操作把或通过传动联杆组成。按使用电压分有单相 250 V、三相 400 V。按相数分有单相单极、单相两极、三相三极、三相四极。按投切方向分有单投和双投。额定电流较小的一般直接用于用电设备，用于低压配电柜内一般额定电流较大。

因为刀开关是最简单的开关电器，本身没有灭弧装置，或只有极简单的灭弧栅，有灭弧栅的开关也只能切断其额定开关电流的 30%以下负荷电流。至于刀开关加熔断器组合，可使用在不频繁操作的照明、小功率电动机、电热制备等场合，但要注意刀开关带电部分要有绝缘护罩，防止人员触电。

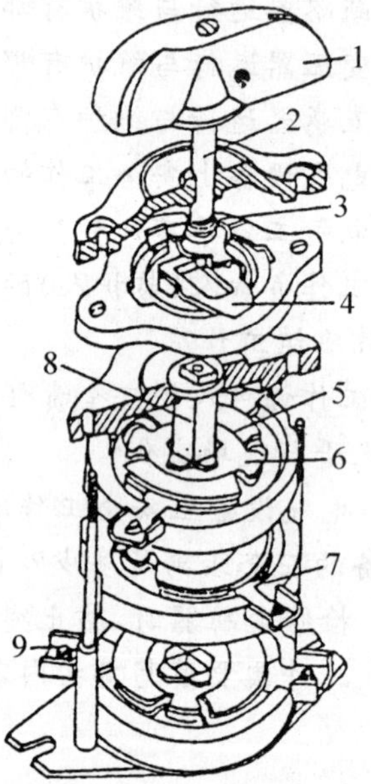

图 9-1　HZ 开关结构图

1—手柄；2—转轴；3—弹簧；4—凸轮；5—绝缘垫板；6—动触点；7—静触点；8—绝缘方轴；9—接线柱

二、HK 系列胶盖闸刀开关

在刀下方为熔丝盒，放铅锡合金熔丝，属于一体化设备。由于这种熔丝分断短路电流时靠空气介质灭弧，分断短路电流约在 0.5～1 kA。分断时熔丝熔化的金属微粒和蒸气附着在绝缘瓷质表面，积累到一定程度，表面部分可能导电，再次爆熔丝时，就会形成三相短路，无法熄弧。

由此引起刀开关爆炸失火和人员操作时烧伤手的情况时有发生。建议停止使用，或外加高分断容量的熔断器做过载短路保护。

三、HZ 系列组合开关

HZ 系列组合开关是刀开关的一种，它的动刀片是转动式的，较一般刀开关体积小，并能根据功能需要，分层组合在一起，用于不同场合。转换开关的额定电压交流 380 V，额定交流电流 60 A，最大允许功率三相 10 kW。转换开关分单极、二极和多极三类。统一设计新型号有 HZ15。组合开关根据接线方法不同，有同通断、交替通断、两位转换、三位转换、四位转换等，满足不同控制要求。

第二节　低压断路器（俗称空气开关）

低压断路器是低压配电系统中的重要设备，集控制电器、保护电器于一体。低压断路器的功能有过载、短路、失压等保护；操作方式有手动操作、电动操作；安装方式有固定安装和抽出式安装；按相数有单相单极、单相两极、三相三极和三相四极。

DW 系列框架式低压断路器主要用于配电线路的保护开关和配电变压器低压出口总保护开关。

DZ 系列塑壳低压断路器既可作配电线保护开关，又可作电机、照明、电热等用电设备控制开关。

一、DZ 系列塑壳断路器

1. 塑壳断路器的结构　主要由主动静触头、无弧栅、双金属片过电流脱扣器、电磁脱扣器、传动轴、分合闸脱扣联动机械、塑料阻燃外壳和操作手柄组成。无电压脱扣、分励脱扣、复式脱扣和辅助接点等作为附件需要时再增设到断路器中。电动操作机构是可附加在塑壳断路正面面板上与操作柄接口联动。电动操作机构分电磁铁传动和微电机传动，后一种功耗小、噪音低。

2. 塑壳断路器的工作原理　过电流保护是利用双金属片（由一片铜和一片铁压铸在一起）通电发热，利用两种金属热膨胀系数不同，使双金属片产生弯曲变形，通过绝缘顶杆去推动脱扣联动机构而使断路器分闸，过电流与双金属片受热动作，成非线性关系。采用双金属片受环境温度影响很大，所以有两种基础温度可选择，一种用于环境温度 25℃，一种用于环境温度 40℃，不提要求时，制造厂按 40℃配。短路保护是利用导线穿过方形开口铁芯，在开口处另有一块铁芯条一端与开口铁芯活动连接，在铁芯条另一端有弹簧拉着，保护一定开口距离，调节弹簧拉力，可减小短路电流动作大小值。当开口铁芯受磁力作用吸合去推动脱扣联动机构而使断路器瞬时分闸。短路电流使脱扣动作的值，预先选择一种 5 倍额定电流，一种 10 倍额定电流。过电流保护元件和短路保护元件都串接在导电主回路中，但大电流的过流保护元件与主回路并联，主回路在双金属片这段导体铜排，人为缩小铜排截面容易发热，而双金属片就贴在这上面得到铜排传热而动作。开关出厂前已设置好，现场无法调整定值。这给使用中带来不确定因素。热动型(即过流)脱扣指标 1.05In(冷态)2 小时内不动作，1.3In(热态)2 小时内动作。实际在现场无法做到。采用热动脱扣器存在现场无法调整的缺点。现在已有可调型产品，如电子型脱扣器等。

二、新型塑壳断路器

1. 小电流的有中法合作"梅兰日兰"生产的 C—45、C—65 系列模块化单极开关，每片 9 个模数，二极为两片组合、三极为三片组合，在开关操作柄上加上一条横连杆就成为单相二极和三相三极开关，加上漏电片，就成单相二极漏电开关。额定电流 45 A、65 A。导轨式安装很方便，接线为压板式，连接、维修、更换十分方便，电气性能较 DZ 系列高，外观小巧，主要可用于照明、小动力、空调、电热等配电回路，使用很普遍，是同类 DZ 系列替代产品。

2. CM 和 CM_{1E} 型塑壳断路器是国内自行开发设计的电性能指标较高的产品，可与国外同类产品相当，价格低，已经成为 DZ 系列更新替代产品。

CM_{1E} 型塑壳断路器是在 CM_1 型基础上新设计的产品，采用电子式保护的断路器，具有三段保护功能、五种脱扣选择，可现场自行设定整定电流大小，具有预报警指示、过载指示等功能，短路电流分断能力与 CM_1 型相当。还有从国外引进的施耐德 NSD 系列，韩国 ABS 系列，西门子 3VL 系列，这些均为高技术性能的塑壳断路器。

三、DW 型系列框架式断路器

DW 型框架式断路器，主要用作配电线路保护开关和配电变压器低压出口总开关，可手动操作和电动操作，有三段保护、失压保护等功能，可固定安装或插入式安装。DW_5、DW_{10} 开关由于结构陈旧，电性能指标低等因素已被淘汰，DW_{15} 现在还在选用。

四、新型框架式断路器

CW_1 型框架式断路器是国内最新设计的一种断路器。可固定式和抽屉式安装，操作方式为电动兼手动操作。有智能型电流脱扣器、欠电压延时(或瞬时)脱扣器和分励脱扣器。智能型脱扣器功能：① 过载长延时反时限、短延时反时限、短延时定时限、瞬时动作等保护功能；② 接地故障保护；③ 过载报警功能；④ 试验功能；⑤ 负载监控功能；⑥ 显示功能；⑦ 自诊断功能；⑧ MCR 功能；⑨ 热模拟定功能；⑩ 触头损耗指示；⑪ 故障记忆功能。额定极限短路分断能力 80 kA。

五、低压断路器选用与维护

1. 根据负荷电流和用途选用框架式或塑壳式，一般电流在 800 A 以下选用塑壳式为主，因为体积小，安装方便，投资少。

2. 断路器额定电压应大于等于线路的额定电压。

3. 断路器额定电流应大于计算负荷电流，如断路器装设在箱柜内使用，额定电流应按 80％计算，考虑散热差温度影响。

4. 根据线路可能出现的最大短路电流(kA)数去选择断路器额定运行短路分断能力,短路分断能力应大于线路最大短路电流。保证断路器可靠地分断故障电流。

5. 热脱扣整定电流应等于所控制负荷计算电流。但不能选择热脱扣电流太接近负荷电流,不然会误动作,而无法去调整整定值,这里指现场不能调的塑壳开关。作为线路送电用,热脱扣意义不大。

6. 瞬时脱扣电流不宜选择倍数过大,否则不能降低故障,造成损坏。用于电动机可按1.5倍最大启动电流。

7. 在最大负荷电流时,要观察断路器上下椿头和接插头是否有热现象。断路器上部有相间隔板的不能随便去掉,缺少要补齐。上部喷弧口不应有杂物存放。

8. 定期对断路器进行除灰清洁。

9. 断路器自动跳闸后,要查明原因再合闸送电。

第三节 低压熔断器和刀熔开关

一、低压熔断器结构和用途

熔断器由熔体底座和熔芯组合成。熔体底座有接插式、螺旋式和刀片插入式等。

熔断器串接在电路中,当电路发生短路故障,故障电流超过额定电流时,熔芯迅速熔断,从而切断电流,消除故障。它可适用于无冲击电流的各类电器设备,如照明、电热、家用空调和日常生活用电作过电流和短路保护。而不能用作电动机过载保护,因为电动机启动电流要超过电机额定电流好几倍,另外当一相熔断时,造成电机缺相运行,而烧坏电动机等设备。

二、熔断器保护特性

保护特性和分断能力是熔断器的主要技术指标。流过熔体的电流与熔断器时间的关系为熔断器的保护特性。熔断器的保护特性是较远的反时限特性,熔断器的最小熔断电流与额定电流的比值称为熔断系数。一般在 1.3～2.5 左右,通常熔断电流指 2 倍额定电流。

分断能力是指熔断器在额定电压及一定的功率因数下切断短路电流的极限能力。常用极限分断电流(kA)值表示该熔断器分断能力、充石英砂密封的熔断器的分断能力极高,瓷插入式的最差。

三、熔断器的技术参数

1. 熔断器额定电压 熔断器能长期承受的工作电压。

2. 熔断器额定电流 熔断器允许长期通过的最大电流。

3. 熔断器额定分断能力 熔断器能分断的最大短路电流。

4. 熔体额定电流 熔体允许长期通过的最大电流(熔体额定电流不得大于熔

断器额定电流)。

5. 熔体的熔断电流　即最小熔化电流。

四、低压熔断器的类型

1. RC_1A 系列瓷插式熔断器　结构简单,选用熔丝为铅锡合金熔丝(片),安放熔丝规格随意性很大,熄弧靠空气熄弧,分断短路电流能力很有限,经数次短路电流后,瓷盒炭化和炸裂,从以往的实践,这类熔断器使用很不安全,随着电网短路容量增大,建议停止使用。

2. RL_1(RLC_1)型螺旋式熔断器　如图 9-2RL_1 熔断器由瓷质底座、瓷帽和熔管三部分组成。熔管内装熔丝和充石英砂,熔管上盖中有一红色熔断指示器,当熔丝熔断时,指示器跳出。通过瓷帽玻璃可观察到。熔断器在带电(不带负荷)时,可直接更换熔体。RLS_1 型为快速熔断器。以上熔体极限分断能力都能达到 25~50 kA,目前新型螺旋式熔断器有 RL_6、RL_7、RLS_2 可作替代。

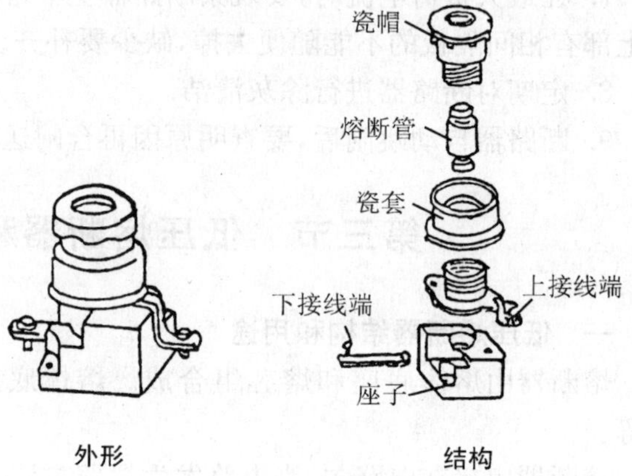

图 9-2　RL_1 系列螺旋式熔断器

3. RT 系列刀片式熔断器　如图 9-3RTO 熔断器由熔断管、指示器、石英砂和熔体等组成。熔断管采用耐热性好,机械强度高的高频电瓷制成。指示器为机械信号装置,熔体熔断后,指示器弹出红色指示件。熔体有良好的短路保护、过载保护和限流作用。现已有 RT_{12}、RT_{14} 等系列新产品替代 RTO 老产品。

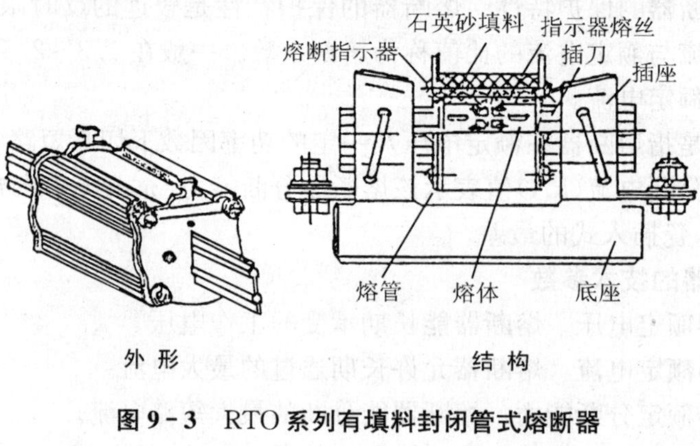

图 9-3　RTO 系列有填料封闭管式熔断器

另有充石英砂填料封闭管式熔断器，有 NT 系列和 AM_1 系列，具有分断能力高，限流性能好、性能稳定、体积小、分类细等优点，是可取代 RC_1A 瓷插式熔断器的新品。

4. 新型刀熔开关 有两种结构：条式和平板式。其结构和工作原理：

框架采用阻燃材料和高强度塑料压制而成，利用刀片式熔体的刀作为动触头，开关本体内没有带灭弧的静触头，分闸时双断口同时分离，提高灭弧效果，条式刀熔开关可分相操作，也可三相同时操作，平板式只有三相同时操作，条式是模数化结构，主要用于配电柜内作照明、动力等出线用。开关柜采用了这种产品使出线回路大增，尤其对小容量出线多的回路更显著，比抽屉柜出线更多，条式用在开关柜内是水平装置。平板式主要用于一般现场。熔体是高分子断熔体和我国 RT 熔体通用。同时该类产品还能带测量元件供测电压、电流等。该产品是 HH 型铁壳开关替代品。

五、熔断器的选用和使用要求

1. 熔断器的额定电压，必须大于等于配电线路电压。

2. 熔断器的额定电流，必须大于熔体的额定电流。

3. 熔断器的分断能力，必须大于使用配电线路可能出现的最大短路电流。

4. 熔体额定电流的选用，必须满足线路正常工作电流和电动机启动电流。

(1) 对负荷较平稳的照明、电热等回路，熔体额定电流应大于等于所有用电设备的额定电流之和。

(2) 对单台有启动电流的电动机，熔体额定电流应大于 1.5～2.5 倍电动机额定电流。

(3) 对多台电动机共用的主回路的熔断器，熔体额定电流应大于等于 1.5～2.5 倍的其中最大一台电动机的额定电流，再加上其余各台电动机负荷电流之和。

(4) 熔体额定电流在配电系统中，上下级应协调配合，一般用途的全范围分断能力的熔断器，上级与下级熔体额定电流的比值应大于 1.6 倍。

(5) 熔断器必须完整无损，接触紧密可靠，导线与端子连接牢固。当熔体熔断后，必须换上型号、规格相同的新熔体，如果要适当放大要有充分依据。

(6) 更换熔体，必须先将用电设备断开。

(7) 在采用接零保护系统中的零线不应装设熔体。

第四节 低压成套装置配电柜

将低压线路上所需要的刀开关、断路器、熔断器等设备和测量仪表以及辅助设备，根据接线方案，组织安装在金属柜体内，成为一种组合电气设备。按其用途大致可分成电能计量柜、总柜(进线柜)、出线柜、电容补偿柜等，出线柜又分动力柜和照明柜。

配电柜形式基本可分固定式和抽屉式两类,柜体有焊接式和拼装式两种。按柜型号技术指标分,有低级型和高级型。目前具有代表性的低压配电柜,固定式有PGL型、GGD型,抽屉式有GCL、GCK、GCS、MNS等型号。

1. PGL型低压配电柜 常用有PGL_1型和PGL_2型,1型分断能力为15 kA,2型分断能力为30 kA。该型配电柜已很少选用,已被GGD型替代。

2. GGD型低压配电柜

(1) 柜体运行中的散热,通过柜体上下两端散热槽孔,柜体其余部分是密封的,只能下部进冷风,上部排热,形成自然通风点。

(2) 柜体造型设计美观大方,柜门用转轴式活动内铰链,安装拆卸方便,门折边嵌有橡塑封条,防止门与柜体直接碰撞,也提高了防护等级。柜体防护等级为IP30。

(3) 柜门与框架有完整的接地保护电路。

(4) 具有分断能力高,动热稳定性好等特点,可选择15 kA、30 kA、50 kA三种。

(5) 改变了柜门,不设固定操作机构,改成临时操作插孔,改变过去上下推拉操作,改为转动操作。

(6) 可按三相五线制,设工作零线排和保护接零排。

3. GCK、GCL型低压配电柜 GCK柜主要用于电动机控制中心,GCL型主要用于动力中心,柜体结构上基本相同,元件配置上有所区别。

(1) 柜体采用钢板弯制焊接组装而成,密封结构,防护功能IP30。

(2) 柜分上、中、下三部,上部水平母线室,中间为抽屉箱,按220 mm为1个模数组合,可容纳1~8个单元,总高为1 760 mm,下部隔室220 mm,利用率不高,作联络母线排,反排等用。

(3) 抽屉具有工作、试验和分离三个位置。每个单元门在打开位置,断路器就不能合闸,当断路器在合闸状态,门不能打开。

(4) 每个单元的电气设备装在抽屉框架上,抽屉插接方式与付母线进行接插。同模数的抽屉能互换。

(5) GEJ电容补偿柜为固定式结构。

(6) 开关柜底部前方为中性线排,后部为PE排。

(7) 开关柜水平母线额定耐受电流有30 kA和50 kA两挡。

(8) 出线为柜后连接。

由于初期GCL型开关柜运行中发现在柜后接线时,刚好与带电垂直付母线非常接近,在付母排带电情况去连接停电回路的出线,易发生工具触及带电部分造成触电事故。后经改进在带电体上加罩透明塑料绝缘护板,总的这方面设计不够完善,所以在带电情况去更换或施放出线要特别注意安全。

4. GCS 低压配电柜

(1) 功能单元室、母线室和电缆室，相互隔离，作用相对独立。

(2) 主母排采用柜后平置式排列方式，特点是提高抗电动力作用能力，使主电路具有高短路强度能力的基本措施。短路时耐受电流为 50～80 kA。

(3) 出线电缆隔室在柜正面右侧，接线端子上下排列，运行中接线方便、安全，隔室有关闭门。

(4) 抽屉高的模数为 160 mm，分 1/2、1、3/2、2、3 五个模数单元，抽屉宽度、深度均不变。每台 MCC 柜最多能安装 11 个 1 单元抽屉，或 22 个 1/2 单元抽屉，在 1 个柜上可由不同模数单元组合。

(5) 抽屉单元配有足够数量二次接插件，1 单元及以上为 32 对，可用于计算机接口和自动控制回路用。

5. MNS 型低压配电柜　MNS 低压开关柜的结构、功能基本与 GCS 型相似，唯单元模数为 200 mm 不同。

6. 低压配电柜运行与维护

(1) 配电柜安装投运前应检查柜体表面涂层有无损坏，柜内是否干燥清洁、排列是否整齐，柜体与基础固定是否牢固、接地是否良好，柜门关合正常能上锁。

(2) 电器元件操作机构是否灵活、不应有卡温或操作力过大现象。

(3) 母线连接和主要电器的连接，或触头连接是否可靠，紧固螺栓有无松动。

(4) 二次回路布线整齐，线端编号正确与图纸一致。

(5) 抽屉式配电柜，抽屉抽拉应灵活、轻便，无卡阻和碰撞现象。

机械联锁或电气联锁装置应动作正确，闭锁或解除均应可靠。同一种单元可任意互换。

(6) 仪表指示准确与互感器变比一致。

(7) 低压断电器使用电流和额定电流是否符合设计要求。熔芯规格是否符合设计。

(8) 用 1 000 V 兆欧表测量绝缘电阻值不低于 1 MΩ。

(9) 低压配电柜，在运行中柜上名称、标志、编号是否清楚正确，操作把手、按钮等位置与现场实际情况相符，信号灯、机械指示牌是否正确。

(10) 在高峰负荷电流情况时，应检查电气联接有无过热变色现象。有条件时可用红外测温仪检测，并做好记录。

(11) 二次回路导线绝缘是否破损、老化、热熔等情况。

(12) 低压配电柜前面、后面通道应铺绝缘橡胶地毯，通道无杂物存放，照明光线明亮，房屋渗漏水应及时处理。埋地电缆进出口要有防堵小动物进入措施。

(13) 电气设备的维护、检修原则上应停电进行，并退出该回路进行工作。

第五节　低压带电作业

一、低压设备带电作业安全规定

在低压设备上带电作业，应遵守下列规定：

1. 在带电的低压设备上工作，应使用有绝缘柄的工具，工作时应站在干燥的绝缘垫、绝缘站台或其他绝缘物上进行，严禁使用锉刀、金属尺和带有金属物的毛刷、毛掸等工具。使用有绝缘柄的工具，可以防止人体直接接触带电体。站在绝缘垫上工作，人体即使触及带电体，也不会造成触电伤害。低压带电作业时若使用金属工具，可能引起相间短路或对地短路事故。

2. 在带电的低压设备上工作时，作业人员应穿长袖工作服，并戴手套和安全帽。戴手套可以防止作业时手触及带电体；戴安全帽可以防止作业过程中头部同时触及带电体及接地的金属盘架，造成头部接近短路或头部碰伤；穿长袖工作服可防止手臂同时触及带电体和接地体而引起短路和烧伤事故。

3. 在带电的低压盘上工作时，应采取防止相间短路和单相接地短路的绝缘隔离措施。在带电的低压盘上工作时，为防止人体或作业工具同时触及两相带电体或一相带电体与接地体，在作业前将相与相间或相与地（盘构架）间用绝缘板隔离，以免作业过程中引起短路事故。

4. 严禁雷、雨、雪天气及 6 级以上大风天气在户外带电作业，也不应在雷电天气进行室内带电作业。

雷电天气，系统容易引起雷电过电压，危及作业人员的安全，不应进行室内、外带电作业；雨雪天气，气候潮湿，不宜带电作业。

5. 在潮湿和潮气过大的室内，禁止带电作业；工作位置过于狭窄时，禁止带电作业。

6. 低压带电作业时，必须有专人监护。带电作业时由于作业场地、空间狭小，带电体之间、带电体与地之间绝缘距离小，或由于作业时的错误动作，均可能引起触电事故，因此，带电作业时，必须有专人监护；监护人应始终在工作现场，并对作业人员进行认真监护，随时纠正不正确的动作。

二、低压线路带电作业安全规定

在 400 V 三相四线制的线路上带电作业时，应遵守下列规定：

1. 在登杆前，应在地面上先分清相线、零线。只有这样才能选好杆上的作业位置和角度。在地面上辨别相线、零线时，一般根据一些标志和排列方向、照明设备接线等进行辨认。初步确定相线、零线后，可在登杆后用验电器或低压试电笔进行测试，必要时可用电压表进行测量。

2. 断开低压线路导线时，应先断开相线，后断开零线。搭接导线时，顺序应相反。三相四线制低压线路在正常情况下接有动力、照明及家用电器负荷。当带电断开低压线路时，如果先断开零线，则因各相负荷不平衡使该电源系统中性点会出现较大偏移电压，造成零线带电，断开时会产生电弧。因此，应按安全操作规程规定，先断相线，后断零线。接通时，先接零线，后接相线。

3. 人体不得同时接触两根线头。带电作业时，若人体同时接触两根线头，则人体串入电路，造成人体触电伤害。

4. 高低压同杆架设，在低压带电导线未采取绝缘措施时(裸导线)，工作人员不得穿越。

高低压同杆架设，在低压带电线路上工作时，作业人员与高压带电体的距离应符合有关规定，还应采取以下措施：

(1) 防止误碰，误接近高压导线的措施；

(2) 登杆后在低压线路上工作，防止低压接地短路及混线的作业措施；

(3) 工作中在低压导线(裸导线)上穿越的绝缘隔离措施。

5. 严禁雷、雨、雪天气及六级以上大风天气在户外低压线路上带电作业。

6. 低压线路带电作业，必须设专人监护，必要时杆上设专人监护。

三、低压带电作业注意事项

1. 带电作业人员必须经过培训并考试合格，工作时不少于 2 人。

2. 严禁穿背心、短裤，穿拖鞋带电作业。

3. 带电作业使用工具应合格，绝缘工具应试验合格。

4. 低压带电作业时，人体对地必须保持可靠的绝缘。

5. 在低压配电盘上工作，必须采取防止短路事故发生的隔离措施。

6. 只能在作业人员的一侧带电，若其他还有带电部分而又无法采取安全措施者，则必须将其他侧电源切断。

7. 带电作业时，若已接触一相线，要特别注意不要再接触其他相线或地线(或接地部分)。

8. 带电作业时间不宜过长。

思 考 题

1. 一般低压塑壳断路器的过载保护和短路保护，应用什么作为保护元件？

2. 低压断路器在结构上可分为哪几类，并说明其主要使用场合？

3. 低压熔断器的选用应根据什么来进行选择？

4. 一台和多台低压电动机的熔断器熔体额定电流应如何选择？

5. 在低压配电系统中，其上下级熔体额定电流如何协调配合选择？

6. 对低压成套装置(即低压开关柜)如何做好安全运行维护工作？

第十章 手持式电动工具及移动式电气设备

手持式电动工具是运用小容量电动机或电磁铁，通过传动机构驱动工作头的一种手持或半固定式的机械化工具。

手持式电动工具所用的电动机主要有单相串励或交直流两用电动机、三相工频和中频（150～400 Hz）笼型异步电动机、永磁直流电动机等几种。传动机构起传送能量、变速和改变运动方式的功能。运动方式有旋转、往复、冲击和振动等，还有冲击和旋转兼有的复合运动。

手持式电动工具结构轻巧，携带使用方便，各行各业使用手持式电动工具的种类和数量越来越多。为了防止在使用手持式电动工具时引起人身伤亡事故，国家颁布了《手持式电动工具的管理、使用、检查和维修安全技术规程》。我们必须在工作中严格执行。

第一节 基本分类

一、手持式电动工具按用途分类和基本品种

1. 金属切削类：电钻（多速、角向、万向、软轴）、磁座钻、电绞刀、电刮刀、电冲剪、型材切割机、曲线锯等。

2. 砂磨类：电动砂轮机（直向、角向、软轴）、砂光机、抛光机（直向、角向）等。

3. 装配类：电动扳手、电动螺丝刀、电动胀管机等。

4. 建筑及道路施工类：冲击电钻、电锤、电镐、电动打夯机、电动地板刨平机、电动混凝土振动器（平板式、插入式）等。

5. 矿山类：电动凿岩机、岩石电钻、煤电钻等。

6. 铁道类：铁道螺钉电动扳手、枕木电钻、枕木电镐等。

7. 农牧类：电动喷洒机、电动剪枝机、电动采茶机、电动剪毛机等。

8. 木材加工类：电刨、电圆锯、电木锯、电动开槽机、电插、平板式砂光机等。

9. 其他：电动骨钻、胸骨锯、石膏电钻、电动裁布机、电动喷枪、电动锅炉去垢机等。

二、手持式电动工具按电气安全防护方法分类

按电气安全防护方法分为三类：

Ⅰ类：即普通电动工具。绝缘结构中全部或多数部位只有基本绝缘。工具设

有接地装置，如果绝缘损坏或失效，可触及金属零件，它通过接地装置与安装在固定线路中的保护接地或保护接零导线连接在一起，不致成为带电体，防止操作者触电。

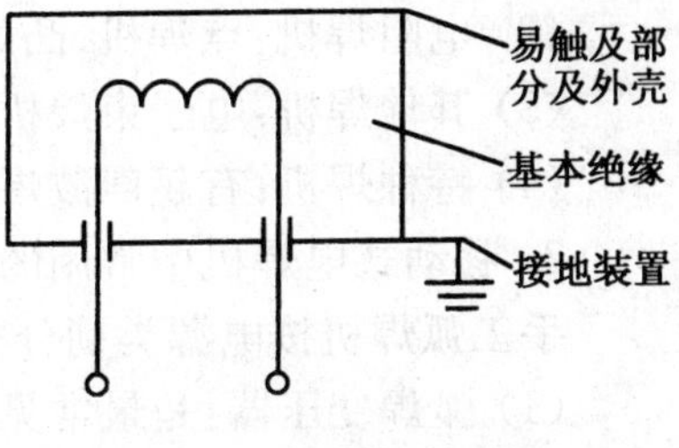

图 10-1 基本绝缘结构示意图

Ⅱ类：又称双重绝缘工具。绝缘结构由双重绝缘或加强绝缘组成。当基本绝缘损坏或失效时，附加绝缘将操作者与带电体隔离，避免触电。Ⅱ类工具在工具的明显部位（如铭牌）标有Ⅱ类绝缘的符号“回”。它可分为绝缘外壳和金属外壳两种。

Ⅲ类：由安全电压电源供电的工具，并能确保在工具内不产生高于安全电压的电压。

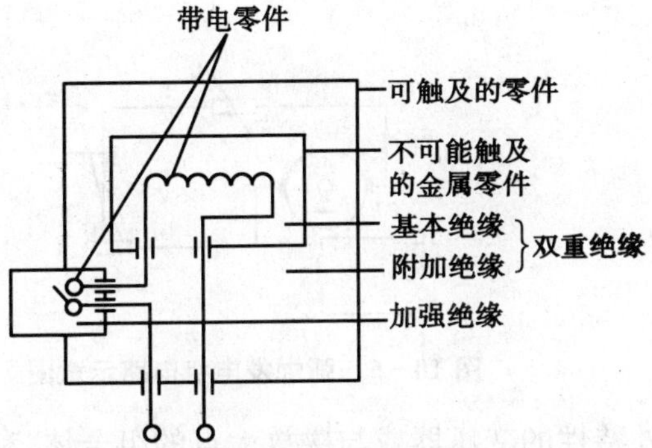

图 10-2 双重绝缘、加强绝缘结构示意图

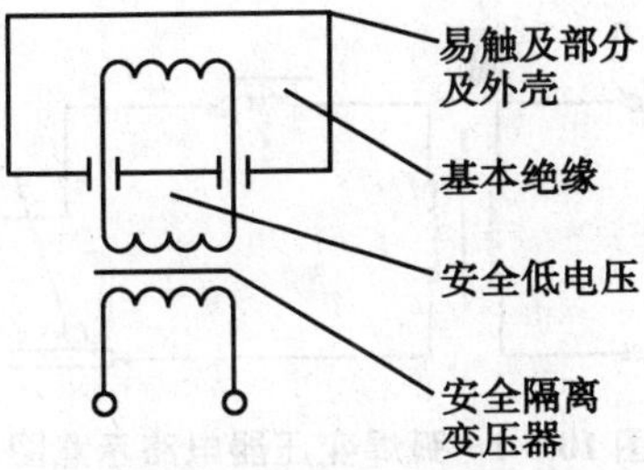

图 10-3 安全电压工具绝缘结构示意图

安全电压是指导体之间或任何一个导体与地之间空载电压（有效值）不超过 50 V，对三相电源，导体与中性线之间的空载电压（有效值）不超过 29 V。安全电压通常由安全隔离变压器或具有独立绕组的变流器供给。安全电压额定值的等级为：42 V，36 V，24 V，12 V，6 V。当采用 24 V 以上的安全电压时，必须采取防止直接接触带电体的措施。

基本绝缘是保证工具能正常工作和防止触电的绝缘，如电动机定子线圈衬垫、转子的槽绝缘等。附加绝缘是对基本绝缘附加的独立绝缘。如电动机转子铁芯与转轴之间设置的转轴绝缘、塑料外壳、电缆外护套等。加强绝缘是机械强度、绝缘性能都有所增强的绝缘结构，具有相当的防止触电的能力。

三、电焊机基本分类

1. 电焊机的大致类别

（1）电弧焊机：手工弧焊机、埋弧焊机、惰性气体保护焊机（例如氩弧焊机）、二氧化碳弧焊机和等离子弧焊机等。

(2) 电阻焊机：点焊机、凸焊机、缝焊机和对焊机等。

(3) 其他焊机：电子束焊机、高频电阻焊机、电渣焊机和钎焊机等。

(4) 特种焊机：有超声波焊机、摩擦焊机、激光焊机、冷压焊机等。

2. 移动式电焊机中常用的是手工弧焊机和惰性气体保护弧焊机。

手工弧焊机按电源类别分类有：

(1) 弧焊变压器：是最常见的电焊机。它具有高漏抗电磁结构的下降外特性变压器。采用增强漏磁式调节电流，用可动铁芯的位置调节电流称动铁式；用改变初、次级绕组间距调节电流称动圈式；用改变抽头调节电流称抽头式。这类焊机用于手工交流电弧焊。

(2) 弧焊发电机：具有去磁或分磁作用，励磁系统的下降外特性直流发电机，用交流电动机或内燃机拖动。用于比较重要焊接结构的手工直流电弧焊接、埋弧焊及惰性气体保护焊接。

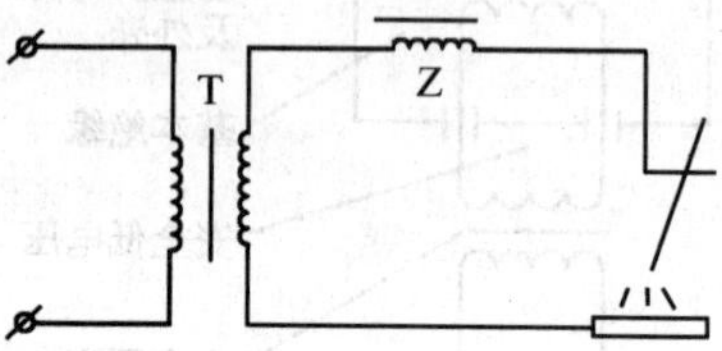

图 10－4　弧焊变压器电路示意图

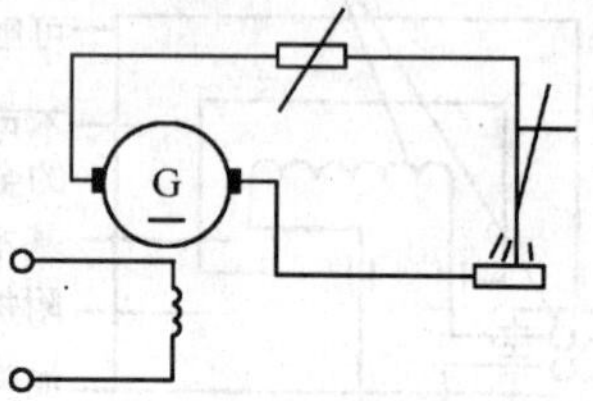

图 10－5　弧焊发电机电路示意图

(3) 弧焊整流器：是一种具有下降外特性的变压器或与磁放大点的组合体，利用半导体整流元件将交流电转变为直流电，或利用硅晶闸管，大功率晶体管作为可控整流元件就得下降外特性。用于比较重要焊接结构的手工直流电弧焊接、埋弧焊及惰性气体保护焊接。

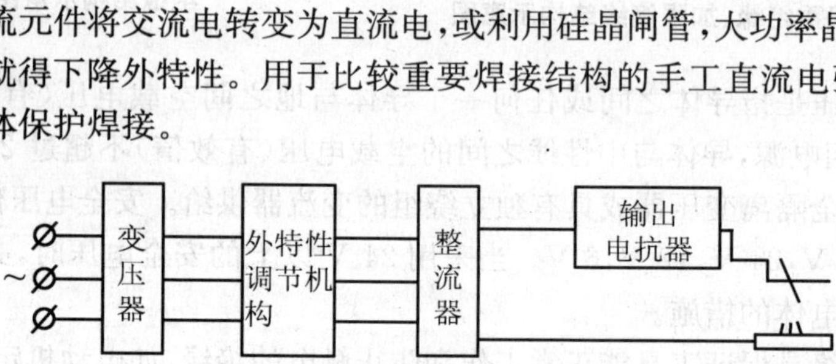

图 10－6　弧焊整流器组成示意图

(4) 惰性气体保护焊机：利用惰性气体作为金属熔池的保护层，焊接时惰性气体从喷嘴中以一定速度喷出，将电弧、熔池与空气隔开，不使熔池受空气的浸入，以获得良好性能的焊缝。常用惰性气体是氩气，称为氩弧焊。用于轻金属（如铝及其合金）及不锈钢、耐热钢等材料焊接。

第二节 安全性能要求

一、手持式电动工具的安全要求

1. 外壳完整，无裂纹、破损等缺陷。铭牌上各项参数清晰可见。

2. 机械防护装置(防护罩、防护盖、手柄防护装置)完整，无脱落破损、裂纹、松动、变形。表面应光滑无毛刺和尖锐棱角，否则会成为新的危险源。

3. 电源开关动作灵活，不卡涩，无缺损、裂纹、松动。

4. 工具的工作状态(旋转、往复、冲击)灵活无障碍。

5. 工具上的电源应满足下列要求：

(1) Ⅰ类工具的电源线必须采用三芯(单相工具)或四芯(三相工具)的多股铜芯橡套软电缆或护套软线。其中绿/黄双色线在任何情况下只能用作保护接地或保护接零线。采用截面积为0.75～1.5 mm^2以上多股软铜线。老产品以黑色线作为保护接地或保护接零线的软电缆或软线应逐步更换。

Ⅱ类、Ⅲ类工具上没有设置保护接地装置及保护接地线。

(2) 工具的电源线完整、护套无破损、裂纹。没有接长或拆换。

(3) 工具电源线上的插头完整，无破损、裂纹。无放电痕迹，绝缘无碳化现象。

(4) 带有接地插脚的插头、插座，接地插脚只能单独连接保护线。严禁在插头、插座内用导线直接将接地插脚与中性线连接起来。插头插入插座的接触顺序应符合规定，防止误插入。

6. 工具的定期检查和测试记录完整，工具未超过检查周期，测定绝缘电阻的数值应不低于下列数值：Ⅰ类工具2 MΩ；Ⅱ类工具7 MΩ；Ⅲ类工具1 MΩ。

二、移动式电气设备的安全要求

1. 设备外壳完整，无破损、裂纹。铭牌上参数清晰。配电箱、电源箱的门(盖)完好，关闭紧密。锁头完好，上锁后不能任意开启。专用接地端子完好不松动。

2. 配电箱、电源箱，外壳必须是非易燃材料，内部元器件完好。开关(闸刀)盖完整，无破损裂纹，操作灵活正确。熔丝(包括旋入式)与额定值相配，禁止用铜、铁、铝等金属丝代替熔丝，确保用电设备故障时能切断电源，保证操作者安全。

3. 用于室外的移动设备有防雨措施，并且不影响设备的通风散热。

4. 电气接线盒完整不破裂，安装螺栓完好。接线柱不松动，安装好的接线盒盖应使带电接线柱不外露。

5. 对电焊机增加的安全要求：

(1) 电焊机的调节装置灵活不卡涩。

(2) 二次侧焊接电缆必须具备合适的强度、导电性能、绝缘性能和密封性能。有接头的电缆其连接方法必须保证导电性能和绝缘性能。宜采用长度不大于

30 m 的橡皮绝缘多股铜芯软电缆。

(3) 一次侧电源线必须绝缘良好,长度不宜大于 5 m。

(4) 焊钳绝缘把手完整,具有良好的绝缘性能和隔热性能,没有破损、裂纹、炭化等现象。

(5) 滚轮完整,转动灵活,电焊机能平稳地放置在地面上。

(6) 电焊机的绝缘电阻不低于下列数值:冷状态一次侧 1 MΩ,二次侧 0.5 MΩ;热状态时各侧对外壳均为 0.4 MΩ。

三、配套的安全设备、安全装置和安全器具的要求

1. 接地装置或接零线　Ⅰ类手持式电动工具和各种移动电气设备的外壳都必须接地或接零,当这些设备发生相与地短路时,能迅速切断电源开关,设备外壳上也不致产生危险的接触电压。因此,良好的接地装置或接零线,是这些安全措施的关键。安全要求是:

(1) 导电的连续性:保证电气设备至接地体之间或电气设备至电源变压器中性点之间导电的连续性,最远两点之间的电阻小于 1 Ω。

(2) 足够的机械强度:设备的接地线采用圆钢,圆钢直径 5 mm(室内)、6 mm(室外),不得用铝线作接地线。

(3) 接地装置的接地电阻小于 4 Ω。

(4) 重复接地:在零线的分支处和末端必须重复接地,万一零线断线时,也可使接零设备的对地电压降低,减小触电危险。接地电阻小于 10 Ω。

2. 安全隔离变压器　Ⅲ类手持式电动工具安全电压电源来自安全隔离变压器,必须采用双圈变压器,禁止使用自耦变压器。变压器外壳上应有接地端子,一次侧、二次侧有明显标志。

3. 隔离变压器　隔离变压器的变压比是 1∶1,一次侧接入三相四线制中性接地的公用系统,二次侧虽然电压不变,是不接地系统,从而减少了触电危险。隔离变压器必须是双圈变压器,外壳上设有接地端子。

4. 漏电保护器　当低压系统发生接地故障(如人员触电、设备导电部分与外壳之间绝缘击穿等)时,系统内出现较大的剩余电流,漏电保护器能利用剩余电流动作开关切断电源,所以也称漏电开关。漏电保护器的电源侧和负荷侧必须有明显标志,接线时不能接反,否则就不能正确动作。漏电保护器正式运行前,应带负荷分断三次,检验开关的分断能力;再用试验按钮动作三次,检验开关在剩余电流动作时的灵敏度和可靠性。这六次操作均不应出现误动、拒动。

5. 弧焊变压器防触电装置　主回路采用电磁接触器控制的手工弧焊变压器防触电装置。该装置适用于:触电危险性不大的环境,电焊变压器二次侧空载电压不高于交流有效值 80 V;触电危险性大的环境,电焊变压器二次侧空载电压不高于交流有效值 48 V。

当焊钳上出现超高的空载电压时，能在1.3 s内打开主触点；当焊条接触到被焊件时能在0.06 s内使装置启动，所以又称为“空载断电装置”。该装置有内装式和附挂式两类，内装式在电焊变压器壳内；附挂式是在电焊变压器外加装。

对附挂式弧焊变压器防触电装置的安全要求：

(1) 额定电压与电流等级和电焊机的相应等级相同。

(2) 外壳完整、无破损、裂纹。

(3) 没有随意调整其特性。

6. 电力安全工器具的安全要求　本章中需要介绍的是辅助绝缘安全工器具，是指绝缘强度不承受设备或电源的工作电压，用于防止接触电压、跨步电压、泄漏电流、电弧对操作人员的伤害。属于这一类安全工器具的有：绝缘手套、绝缘鞋(靴)、绝缘胶垫等。

(1) 绝缘手套：外观完整、不破裂、不脏污、不发粘；在预防性试验周期内，充气检查不漏气。

(2) 绝缘鞋(靴)：外观完整，不破裂，不脏污。鞋底及边缘的橡胶防滑层完好，绝缘层不外露。鞋内干燥，无金属屑等杂物，在预防性试验周期内使用。

(3) 绝缘胶垫：由特殊橡胶制成，质地致密，绝缘性能好，不能用普通橡胶垫代替；绝缘胶垫外观完整无断裂，防滑层完好，在预防性试验周期内使用。

第三节　使用中的安全技术措施

一、通则

1. 手持式电动工具和移动式电气设备的使用人，必须经过培训，学习并领会有关的安全操作规程，能熟练地使用相关工具和设备。

2. 在领用工具或设备时，应进行必要的检查，检查工具和设备的安全性能，除从外观检查判断外，必要时应查阅定期检查记录和测试记录或预防性试验报告。所有检查测试应不超周期。

(1) 手持式电动工具检查至少应包括以下项目：① 核对铭牌参数，是否符合作业需要；② 外壳、手柄有无裂缝或破损；③ 保护连线是否正确，牢固可靠；④ 电源线是否完好无损；⑤ 电源插头是否完整无损；⑥ 电源开关动作是否正常灵活，有无缺损、破裂；⑦ 机械防护装置是否完好；⑧ 工具转动(往复、冲击)是否灵活、轻快，无阻滞现象；⑨ 电气安全保护装置是否良好。

(2) 移动式电源设备(配电箱、电源箱、动力箱等)的检查至少应包括以下项目：① 核对铭牌参数，是否满足作业需要；② 箱体是否有破损、裂缝，箱门应完好，能关闭严密并锁好。装在室外应有防雨设施；③ 安装高度：箱底距离地面应大于50 cm；④ 箱体接入接地网或接零，接地电阻不大于4 Ω；接地线或接零线的材质、截面应符合要求；⑤ 进出电缆孔洞口是否有衬垫，并且封堵严密；⑥ 内部元器件是否完好，开关（闸刀）盖有无缺损，操作是否灵活，漏电保护器试动作有无拒动或误动；⑦ 相线、中性线和布线是否符合规定，接线是否牢固，接线端子处有无放电痕迹；⑧ 各路配线负荷及相线、中性线端子标志是否清楚；熔丝是否与负载匹配。

（3）移动式电动工具在使用前电气部分至少应检查下列各项：① 设备外壳接地端子上是否已接好符合要求的接地线或接零线，多台式的接地线不许串联；② 电源线截面是否满足负荷电流需要；③ 电源开关、漏电保护器是否操作灵活、正确；④ 电源线接线盒是否完好，盒盖是否使裸露的接线柱不外露。

（4）电焊机在使用前电气部分至少应检查下列各项：① 电焊机的电源开关、漏电保护器、电源线截面是否满足负载需要。开关、保护器是否操作灵活、动作正确；② 电焊机的接地线或接零线是否符合要求，是否已牢固地接在外壳的专用接地端子上；③ 焊机绕组的冷却通风口是否畅通，必要时应进行清理；④ 盘卷的焊接电缆是否已展开。焊接电缆连接焊钳的一根应不接地不接零，另一根是否只有一点接地，是否已采取避免双重接地的措施；⑤ 电缆外绝缘应无破损，绝缘电阻大于 1 MΩ。焊钳完好，绝缘把手无破裂；⑥ 各接线盒、盖板是否完整，使盒内（盖板内）的带电接线柱不外露；⑦ 是否应安装空载断电装置，如已经装好，应检查接线是否正确并试验，确保空载断电，并在焊条接触焊件时立即启动。

二、使用手持式电动工具的安全技术措施

1. 按照使用场所合理选用手持电动工具并采取相应的安全技术措施。

（1）在一般场所，为保证使用者安全，应选用Ⅱ类工具。如使用Ⅰ类工具必须采取其他安全保护措施，如漏电保护器、安全隔离变压器等，否则，使用者必须戴绝缘手套，穿绝缘鞋或站在绝缘垫上。一般的胶底鞋（如解放鞋、旅游鞋）不能代替绝缘鞋。电工绝缘鞋的底部边缘有一层特殊橡胶绝缘层，保证有良好的电气绝缘性能。选用绝缘胶垫，除检查其安全性能外，还应注意尺寸，可以按作业活动范围外长宽再各加 40 cm。因为绝缘胶垫在做工频耐压试验时，极板小于边长，所以绝缘胶垫的四周没有经过试验，就不能认定它是绝缘良好。作业时也只能站在中央部位。

使用漏电保护器应检查铭牌，额定漏电动作电流 In 应不大于 15 mA，动作时间不大于 0.1 s。带负载拉合三次，用试验按钮动作三次，均应不拒动、不误动。进出线应标志，接线决不能接反。

使用隔离变压器应核查一次、二次侧的接线标志，不能接反。在外壳接地端子上接好接地线或接零线。

（2）在潮湿的场所或金属构架上等导电性能良好的作业场所，必须使用Ⅱ类或Ⅲ类工具。

（3）在狭窄场所如锅炉、金属容器、管道内等应使用Ⅲ类工具。如果使用Ⅱ类工具，必须安装额定漏电动作电流不大于 15 mA，动作时间不大于 0.1 s 的漏电保护器。安装后进行检查、试验，应完好。

Ⅲ类工具的安全隔离变压器，Ⅱ类工具的漏电保护器及Ⅱ、Ⅲ类工具的电源控制箱、电源联接器必须放在外面。同时应有人在外监护，事先约定联络信号，监护人准备好万一发生危险情况时进行紧急救护。

检查安全隔离变压器一次、二次侧接线应和标志相符，外壳接地端子的接地或接零线已接好。

(4) 在特殊环境如湿热、雨雪以及存在爆炸性或腐蚀性气体的场所，使用的工具必须符合相应防护等级的安全技术要求。

2. 当电源距离作业点较远而电源线长度不够时，不得将电源线任意接长或拆换，应采用耦合器。电源联接器进行连接，连接处应有闸刀、空气开关等断电装置，以便因作业需要就近断开(合上)电源。

3. 工具的危险运动零部件防护装置不得任意拆卸，以免飞屑等击伤操作人。

4. 移动工具时严禁手拎电源电缆线移动工具，必要时应先断开电源。

5. 根据作业性质佩戴护目镜、安全帽等个人安全防护用品。

6. 在一个作业点活动范围内不应有裸露的带电体或易燃物以及其他妨碍作业的物体，否则应采取相应的安全措施。

7. 使用中出现异声、放电等异常现象，应立即断开电源，进行详细检查或送交专职人员检查，判断原因。未修复的工具禁止使用。

三、使用移动式电源箱(动力箱、配电箱)的安全技术措施

1. 进出线电缆如果在地面上，应采取防止被重物压坏的措施。

2. 箱体接地(或接零)应牢固可靠。严禁利用输送可燃液体、可燃气体或爆炸性气体的金属管道作为保护接地体。

3. 一个动力分路只能接一台设备，设备有名称牌。动力与照明回路应分开。

4. 箱门应加锁，只有指定人员可以开门进行操作或停电拆接出线电缆。

5. 除了合格电工外，严禁其他任何人员进行带电作业。

四、使用移动式电动工具的安全技术措施

1. 应装有单独的双刀电源开关和漏电保护器，并装在便于操作的地方，通道无障碍物。一台开关只能接一台设备。

2. 使用插座电源时，插座及插头应匹配，插拔操作无卡涩。严禁不装插头直接用导线头塞入插座。

3. 电源电缆应避开热源。如无法架空时，应采取防止重物压坏电缆的措施。

4. 电源接线盒完好，电气接线柱不外露。

5. 金属外壳的接地端子应牢固地接好接地线或接零线。几台设备的接地(接零)线不应串联。

6. 移动前应先切断电源，将电源电缆整理好，让出移动通道，防止压坏电缆。

7. 使用人因故要离开作业点或遇突然停电时，应断开电源开关。

8. 使用完毕后，应先从电源点断开电源，然后整理作业现场。

9. 发现工具的压力、电流表指示异常或有异声，应先切断电源再检查原因。

五、使用电焊机的安全技术措施

1. 焊接区的焊件、焊机、电缆及其他工具必须放置稳妥。焊工的工作位置在焊接点的上风，避免直接呼吸到焊接操作中所产生的烟气流。

2. 所有易燃物均应距离作业点 10 m 以外。10 m 范围内如有缝或洞，应覆盖或封好，防止其中有易燃物。如果达不到上述要求，应配备火灾警戒人员，并配备足够的灭火设备。

3. 装有易燃物容器或封闭空间（箱体、锅炉、容器、舱室等）进行焊接作业应制定特殊安全措施，经严格审查批准后并按措施执行，方可作业。

4. 气体保护焊的气瓶应稳固地直立放置。周围气温不超过 40℃。距离易燃物至少 6 m 以上。距离焊接作业点一般应 5 m 以上。气瓶应有明显的漆色和检验年份的标志，如氩弧焊的氩气瓶漆色为银灰，瓶体上刷深绿色仿宋体“氩”字，一道白色环表示压力 20 MPa；两道白色环表示压力 30 MPa。检验色标按年份区别，2000～2004 年检验色标为椭圆形，颜色依次为粉红、铁红、铁黄、淡紫、深绿；2005～2009 年检验色标为矩形，颜色顺序同前。从气瓶判断不清气体名称或检验年份超期时，均禁止使用。

5. 电焊工至少应备有下列防护用具

(1) 镶有护目镜的面罩。常用护目镜的选择如表 10－1 所示。

表 10－1 护目镜遮光号的选择指南

焊接方法	焊条直径(mm)	电弧电流(A)	最低遮光号	推荐遮光号
手工电弧焊	2.5～4	60～160	8	10
	4～6.4	160～250	10	12
	＞6.4	250～550	11	14
气体保护电弧焊		60～160	10	11
		160～250	10	12
		250～500	10	14

(2) 电焊手套。

(3) 橡胶绝缘鞋。

(4) 清除焊渣用的白光眼镜(防护镜)。

6. 电源线长度不宜大于 5 m。距离电源点较远时，可架设电源引线，引线与电焊机电源线的连接处应使用转接器（盒），转接器（盒）装有断路器或闸刀，以便作业需要时就近切断电源。

7. 电焊机外壳应单独接地或接零,不得与其他设备串联接地或接零。

8. 焊接工作中止时(如短暂休息),必须切断焊机输出端或输入端电源,取下焊钳上的焊条。

9. 移动焊机,必须首先切断输入端电源。

10. 禁止将焊接电缆搁在气瓶等易燃物品上,禁止与油类接触,经过通道、道路时,必须采取防止重物压坏的保护措施。

11. 禁止焊接起吊过程中的部件,不准在带有压力(液体压力或气体压力)或带电的设备上进行焊接。特殊情况需要进行此类作业,必须制订安全措施,经主管生产的领导批准后方可进行。

第四节　工器具的管理

一、制定各种工器具的安全操作规程和管理制度

1. 按照国家标准和工具出厂使用说明书的要求以及实际使用条件,制定相应的安全操作规程。其内容包括:工具的允许使用范围;正确使用方法和操作程序;工具使用前需要检查的项目和部位;使用中可能出现的危险和相应的防护措施以及操作注意事项等。

2. 制定管理制度。其内容包括:① 招标采购程序:即采购经国家指定检验机构检验合格,取得安全认证并在产品上有安全认证标志的产品;② 运输要求:即保证在正常运输中,采取防止震动、潮湿等影响安全技术性能的措施;③ 保管及领用:即规定存放场所的基本条件,必须通风干燥,无有害气体和腐蚀物质,领用的规定和程序即建立每件工器具的技术档案。所有工器具从出厂合格证、产品说明书、出厂试验(检验)报告直到使用中每次定期检查记录、测试记录,故障和维修记录都应完整地长期保管直到该工器具报废。为防止混淆,同品种工器具数量超过一台的应进行编号,相应资料记录中也应注明该编号。规定日常检查和定期检查的周期和检查项目。通过执行制度中各项规定,从而保证工器具使用过程的安全,也延长工具的使用寿命。

二、检查和维修的要求

1. 日常检查

(1) 工具在发出或收回时,由保管人员和使用人进行日常检查。

(2) 日常检查的项目见本章第三节的通则第 2 条中内容。

2. 定期检查

(1) 由专职人员进行定期检查,每年至少全面检查一次。在梅雨季节前应及时进行检查。在湿热和温度变化大的地区或使用条件恶劣的地方应缩短检查周期。

(2) 定期检查的项目除日常检查项目外，还必须测量工器具的绝缘电阻值。

带电零部件与外壳之间的绝缘电阻值应不低于表 10－2 所列数值。

3. 长期搁置不用的工具在使用前必须测量绝缘电阻。合格的标准与定期检查要求相同，见表 10－2 所示。

表 10－2　绝缘(绕组)的绝缘电阻值

工器具类别		绝缘电阻(MΩ)	兆欧表电压(V)
手持式电动工具	Ⅰ类	2	500
	Ⅱ类	7	500
	Ⅲ类	1	500
电　缆	低压电力电缆	与历次测试结果比较	1 000
	焊接电缆	1	
低压配电装置(开关断开分段测)		0.5	1 000
低压电动机	定子绕组	0.5	1 000
	转子绕组		
电焊变压器	一次绕组冷状态	1	
	二次绕组冷状态	0.5	
	热状态下各绕组	0.4	

4. 维修

(1) 维修应由专职人员进行，非专职人员不得擅自拆卸和修理工具。

(2) 绝缘电阻测量结果不合格的工具，必须干燥处理，合格后方可使用。

(3) 工器具如有绝缘损坏、电源线护套破裂、保护接地或接零线脱落、插头插座裂开以及机械损伤等缺陷时，应立即进行修理。在未修复前，不得继续使用。

(4) 使用单位和维修人员不得任意改变工器具的原设计参数，不得采用低于原用材料性能的代用材料及和原有规格不符的零部件。电焊变压器防触电装置(空载断电装置)的特性不得任意调节。

(5) 在维修时，工具内的绝缘衬垫、套管等不得任意拆除、调换或漏装。

(6) 工具的电气绝缘部分经修理后，必须测量绝缘电阻并进行交流耐压试验。绝缘电阻的合格标准同定期检查，见表 10－2 所示。在带电零件与外壳之间进行交流耐压试验的电压数值见表 10－3 所示。

(7) 工具如不能修复或修理后仍达不到应有的安全技术要求，必须办理报废。

(8) 操作Ⅰ类工具时所戴的绝缘手套、低压绝缘胶垫等辅助绝缘安全工具均应定期检查并进行交流耐压试验。

试验电压、周期和要求见表 10－4 所示。

表 10－3　绝缘(绕组)修理后交流耐压试验数值

工器具类别		试验电压(V)	试验时间(min)
手持式电动工具	Ⅰ类	950	1
	Ⅱ类	2 800	
	Ⅲ类	380	
电　缆	低压电力电缆	用1 000 V或2 500 V兆欧表	1
	焊接电缆		
低压配电装置		用1 000 V或2 500 V兆欧表	1
低压电动机	大修或局部更换绕组	用1 000 V或2 500 V兆欧表	1
	全部更换绕组	用1 500 V或2 500 V兆欧表	
电焊变压器	部分更换绕组	出厂试验值的0.85倍	1
	全部更换绕组	出厂试验值	

表 10－4　辅助绝缘工具工频耐压试验电压、周期和要求

工具名称	试验周期(月)	要　求			说　明
		工频耐压(kV)	持续时间(min)	泄漏电流(mA)	
低压绝缘手套	6	2.5	1	≤9	
绝缘靴	6	25	1	≤10	
低压绝缘胶垫	12	3.5	1		使用于带电设备区域

思考题

1. 手持式电动工具按电气安全防护方法分为几类？各类的电气绝缘结构有什么区别？

2. 使用Ⅰ类工具必须采取哪些安全技术措施？这些措施的基本原理是什么？

3. 安全电压的定义是什么？安全电压的额定电压等级有几级？哪些安全电压还要采取安全措施？

4. 手持式电动工具在使用前应检查哪些部位和项目？

5. 手持式电动工具定期检查的规定是什么？要做哪几项试验？有什么要求？

6. 移动式电气设备外壳接地或接零有什么作用？接地电阻的规定值是多少？为什么说接地电阻是保证安全的关键？

7. 许多移动式电气设备都规定了电源线长度是什么目的？电源点距离设备较远应如何连接？

8. 漏电保护器对人身安全起什么作用？怎样在现场判断漏电保护器基本性能正常？

9. 电焊作业要防止哪些危险？主要措施有哪些？

10. 辅助绝缘安全用具在现场检查哪些项目？如何判断合格？

主要参考文献

[1] 江苏省电力工业局南通供电局编．变电运行培训教材．1983
[2] 国家经贸委安全生产局组织编写．曲世惠，刘衍胜，等编写．电工作业．北京：气象出版社，2001
[3] 邵之祺，仓启卫．现场触电急救和创伤急救．北京：中国水利水电出版社，2000
[4] 供用电手册（中国电机工程学会内部资料）.1998
[5] 电业安全工作规程. DL408—91，DL409—91
[6] 国家电网公司编．国家电网公司安全生产规程规定. 北京：中国电力出版社，2003
[7] 电力设备预防性试验规程. DL/T596—1996
[8] 手持电动工具的管理、使用、检查和维修安全技术规程. GB3787—93
[9] 国家电网公司电力安全工作规程（变电站和发电厂电气部分）（试行）及修改说明
[10] 袁周，黄志坚编著. 电力生产事故的人因分析及预防. 北京：中国电力出版社，2004.8
[11] 劳动和社会保障部教材办公室组织编写. 安全用电（第 3 版）. 北京：中国劳动社会保障出版社，2005.4
[12] 本书编委会编. 供电企业危险点分析及预控措施. 北京：中国电力出版社，2004.1
[13] 吴琳. 改进电工安全教育的建议. 电力职工教育培训（月刊）. 第 150 期，P17

编 后 记

为了提高江苏省广大电工作业人员的防危意识、安全作业技能和综合素质，达到确保用电安全的目的，在江苏省安全生产监督管理局的领导下，我们根据国家安全生产监督管理总局《特种作业人员安全技术培训大纲及考核标准》中的电工作业要求，编写了《电工作业》教材，其内容分初、复训两部分。

本教材参照了有关的安全技术资料和安全作业规程，结合江苏各生产经营企业的电工作业安全的实际情况和企业用电设备更新情况，引用了较新的事故案例，充实了电工作业安全技术的新标准和新内容。

为使广大电工作业人员进一步增强安全意识，自觉遵守电工作业的安全制度和职业道德，我们在教材中还特别增加了遵守安全生产法律、法规和职业道德教育内容。

本套教材内容比较全面，插有部分查询资料。我们力求图文相应、通俗易懂，做到基础知识与实际作业紧密结合，有利于受训者自学和工作参考。以达到所编教材深入浅出而适宜广大电工作业人员培训使用之目的。

《电工作业》(初、复训)由邵之祺同志、鹿继续同志主编，沈立同志主审，参加编写的还有沈伯镛、吴宝衡、昝夏青同志。

本套教材在编写过程中得到了江苏省安全生产监督管理局教材编写委员会和宣教中心的指导，并得到江苏省电力公司、江苏省安全生产监督管理局信息调度处、江苏省安全生产科学研究院、中国石化集团第二建设公司电气仪表工程公司等单位领导和专家的大力支持，在此表示衷心感谢。

此次的教材修订由吴存衡老师统稿，并得到了常德元、赵庆伟等同志的大力支持，在此表示衷心感谢！

由于任务紧迫，时间仓促，书中难免有所疏漏和错误，恳请培训单位和读者指正。

编者

2008 年 7 月